世界与人生
——我的哲学思考

徐国美 著

SHIJIE YU RENSHENG
WO DE ZHEXUE SIKAO

·广州·

版权所有　翻印必究

图书在版编目（CIP）数据

世界与人生——我的哲学思考/徐国美著. —广州：中山大学出版社，2017.3
ISBN 978－7－306－05995－6

Ⅰ.①世… Ⅱ.①徐… Ⅲ.①人生哲学—通俗读物 Ⅳ.①B821－49

中国版本图书馆CIP数据核字（2017）第022287号

出 版 人：	徐　劲
策划编辑：	金继伟
责任编辑：	杨文泉
封面设计：	曾　斌
责任校对：	谢贞静　李艳清
责任技编：	何雅涛
出版发行：	中山大学出版社
电　　话：	编辑部 020－84110771，84113349，84111997，84110779
	发行部 020－84111998，84111981，84111160
地　　址：	广州市新港西路135号
邮　　编：	510275　传　真：020－84036565
网　　址：	http://www.zsup.com.cn　E-mail：zdcbs@mail.sysu.edu.cn
印 刷 者：	虎彩印艺股份有限公司
规　　格：	787mm×1092mm　1/16　13.25印张　215千字
版次印次：	2017年3月第1版　2017年10月第2次印刷
定　　价：	48.00元

如发现本书因印装质量影响阅读，请与出版社发行部联系调换

内 容 简 介

世界很大，又很精彩；人生渺小，但很重要。

本书分为上下两篇。上篇："彻底唯物论"，从物质范畴、事物与现象的有限同一、人脑与精神的有限同一等角度阐释；下篇："我是谁？"，从人类是理性动物、理性从何而来、人生意义何在、生存及精神价值综述等角度阐释。本书坚持马克思主义哲学，坚信马克思主义哲学唯物论，笔者在从军、工作、生活中坚持学哲学、用哲学，构建适合自己的世界观、人生观和价值观，从而为自己的人生答疑解惑。

一部有创意、有创新、有特色的哲学学术著作

刘歌德（中山大学哲学系教授）

徐国美同志著《世界与人生——我的哲学思考》一书，即将由中山大学出版社出版，可喜可贺！

我是《世界与人生——我的哲学思考》一书的第一位读者。在这本书出版前，我曾三次阅读此书原稿，每次阅读都有新的体会和收获。

（一）

徐国美同志在中学时代就爱好哲学。中学生中爱好哲学者极少。我在长沙市一中读高中时也爱好哲学（1953—1956 年），这一点我与徐国美同志可谓"志同道合"。我 1956 年高中毕业，有幸考取了中国人民大学哲学系。原来我的第一志愿是北京大学哲学系（因为 1956 年前，全国只有北京大学有哲学系）。1956 年中国人民大学成立哲学系，并且在全国高校统考前半个月提前考试，结果，我便考取了中国人民大学哲学系，成为首届本科生。我的哲学人生之路起点在长沙市一中。我的人生哲学梦追梦在长沙市一中，筑梦在中国人民大学哲学系（1956—1964 年）。马克思主义哲学是我的生命。我一生从事马克思主义哲学的学习、教学与研究工作。徐国美同志的这部著作是新中国成立后，我见到的国内有水平的哲学著作之一。徐国美同志 1966 年高中毕业。当年，因"文革"爆发，大学停止招生，结果他没有考取大学哲学系。徐国美同志 1966 年高中毕业后从军 12 年，转业后在多个工作单位工作，2007 年从广州城建开发集团退休。

徐国美同志在青年时代即对哲学感兴趣，一直坚持业余哲学学习。20世纪80年代初，全国和广东省开始高等教育自学考试，中山大学哲学系是广东省哲学专业自学考试主考单位。自学考试是相当难的，当时参加自学考试的同志一般都是业余的，白天都要工作、劳动；同时，当时参加自学考试的同志很多年纪都较大（报考高等教育自学考试没有年龄限制），有家庭负担。所以，参加自学考试的同志能够取得专科、本科毕业证者，实属不易。20世纪八九十年代，报考中大哲学系哲学专业自学考试者数以万计，但最后取得哲学自学考试专科、本科毕业证的并不多。徐国美同志在1992年获中山大学哲学系主考的哲学专业本科毕业证，已属不易；然后再经过考核（包括外语考核），又获中山大学授予哲学学士学位，更属不易！

如今，全国高等学校设有哲学系（有的升格为哲学学院）的数以百计，仅中山大学就有两个哲学系（中山大学南校区哲学系、中山大学珠海校区哲学系）；新中国成立后，全国高校培养各类哲学专业本科生、硕士生、博士生数以万计。但是，其中大部分都从政、从商和加入其他行业，真正终生以哲学专业研究为工作者是少数；写出有分量、有水平的哲学论文、哲学专著的也不多见。徐国美同志不是哲学专业科班出身，一生没有从事哲学专业的教学与研究工作，但他在古稀之年写出有水平、有创意、有特色的哲学学术专著——《世界与人生——我的哲学思考》，实则非常不易，值得我学习。

（二）

本书把马克思主义哲学关于唯物论原理贯彻到底，论证了事物与现象有限同一，人脑与精神有限同一，自圆其说地把精神纳入物质范畴，初步建构了"精神唯物论"的理论框架。这是本书最大、最根本的创意、创新之处。

作者坚信、坚持马克思主义哲学唯物论。本书对马克思、恩格斯、列宁关于唯物论观点有独到的理解和解说，言之成理。本书引用马克思、恩格斯的观点有20多处；引用列宁的观点有14处；本书7次引用了马克思下面一段话："观念的东西不外是移入人的头脑并在人的头脑中改造过的物质的东西而已。"（《马克思恩格斯选集》第2卷，人民出版社1972年版，第217页）

第一次，作者在论述"精神唯物论的观点早已有之"的观点时指出："精神唯物论是一种颠覆性的观点……古今中外都已经有人提出类似的观点。"作者在引用了中国范缜的《神灭论》、颜元的"形性不二"的观点后，引用了马克思上述观点。

第二次，作者在论述何谓理性时指出："所谓理性，是经人脑思维而产生的，观念形态的，存在于人脑之中而与人脑有限同一的现象类物质。"作者接着引用了马克思上述一段话，指出马克思这段话表明，"人脑中必须发生某种'改造'的过程，才能产生观念这种物质的东西，这个'改造'过程就是思维，观念则是经过思维而产生的产品"。

第三次，作者引用马克思那段话，是在作者论述"来自体内交换和脑内交换的信息"观点时，他指出："人脑与内环境之间相互作用和信息交换的渠道是双管齐下的——神经系统加上血液循环系统。人脑正是通过与内环境之间这两种相互作用而获得体内信息。"接着引用并加以解释："那么请问：那些'物质的东西'是从何处移入人脑呢？只从外部世界移入吗？不对！正确的答案应该是：既从外部移入，又从内部环境移入。"

第四次是作者在论述人脑在相互作用中获取信息原料观点的第2点"来源于人际交换和人工交换的社会文化信息"时指出："任何人都必须学习前人留下的文化遗产和当代社会文明的成果，最好还'活到老，学到老'。"紧接着引用马克思那段话，并加以解释："上述的相互作用论的认识论模式，便既回答了人脑制造观念（理性）需要些什么样的原材料？也回答了这些原材料从何处移入人脑？"

第五次是作者在论述"人脑的思维功能"问题时指出："思维反正就是人脑的一种现象，即存在于人脑之中，与人脑有限同一的现象类物质。"接着引用了马克思那段话，并加以解释："这句话中的'改造'，指的正是思维过程。根据精神唯物论的原理，不论人脑之中的信息原料、思维过程、理性产品等等，都是与人脑有限同一的现象类物质。"

第六次是作者在论述"思维是如何制造理性"问题时最后引用马克思那段话，并指出："人脑的思维过程，正是人脑凭借思维功能对移入人脑的信息原料加以改造，才使之成为观念的东西。"

第七次是作者在论述精神唯物论的认识论的框架后指出："对于马克思所说'观念的东西不外是移入人的头脑并在人的头脑中改造过的物质的东西而已'这个观点"已作了七次重复，每次都不是简单的重复，都是从不同角度加以演绎和发挥。本书作者体会到："马克思这句话确系颠扑不破的真理！只要吃透这句话，让唯物论与时俱进地改变形式就不是什么可望而不可即的空想。"过去，我对马克思上述那段话的理解没有徐国美同志理解得那么广、那么深。

作者在论述自己的精神唯物论——彻底的唯物论原理时，还20多次引用了马克思、恩格斯的有关观点，这里不详述。同时，徐国美同志还14次引用了列宁有关这个问题的观点。本书开篇"彻底唯物论"第一部分"'世界上只有物质'是绝对真理"的第一句话，就引用了列宁的一句话"世界上除了运动着的物质，什么都没有"。(《列宁选集》第2卷，人民出版社1972年版，第128页) 作者指出，列宁这个观点，"是唯物论的第一原理，是唯物论之真谛，是迄今人类智慧所发现的唯一一条最高层次的绝对真理"。全书就以这条原理为纲，从自然科学各个方面的成就论证这个原理；从中外哲学史正反两个方面观点论证这个原理。本书作者指出："自地球上产生人类文明以来，每一门自然科学、自然科学的每一次发现，都证实了研究对象的客观存在，并发现对象的客观规律，这就证实了其研究对象属于物质，证实了世界的统一性在于物质性。"作者在本书提出一系列原理时，都用大量的自然科学有关科学材料、科学新发现论证自己的观点。这里不详细列举，读者细心阅读就会有所感受。

（三）

作者解放思想，独立思考，对马克思主义哲学唯物论一系列范畴、原理提出一系列言之有理、持之有故、自圆其说的有创意、创新的观点,下面列举一部分观点。

(1) 关于"物质"范畴。作者通过彻底地贯彻"世界上只有物质"的第一原理,对唯物论的物质范畴重新界定如下:"物质范畴包含高、低两大层次:高层次——物质世界,即时空无限地存在的、把无穷多的所有事物和现象都包括在内的巨系统;低层次——具体物质,即是时空有限地存在的任何具体事物和现象。"作者对物质范畴的重新界定,得出两条新的唯物论原理:第一条,物质世界只有一个,具有时空无限性;第二条,具体物质,即物质世界之内的具体事物和现象,其数量无穷多;……具体物质必有其生死转化。作者把上述两条原理依次称为唯物论的第二原理、第三原理,从属于唯物论关于"世界上唯有物质"的第一原理,都是放之四海而皆准的"绝对真理"。

(2) 作者彻底否定和抛弃本体论。作者认为,物质世界与世界万物万象之间的关系,是整体与其部分之间包含与被包含的关系,而不是派生与被派生的关系,因而不适用决定论因果律。作者认为,解决精神之谜的正确思路,就是把唯物论"世界上只有物质"第一原理贯彻到底,把精神纳入物质范畴。

(3) 怎么把精神纳入物质范畴呢?作者论证事物与现象有限同一,人脑与精神有限同一,从而自圆其说地把精神纳入物质范畴。把精神纳入物质范畴,这是哲学观念上的根本变革。作者引用了列宁的一段话:"当然,就是物质和意识的对立,也只是在非常有限的范围内才有绝对的意义,在这里,仅仅在承认什么是第一性和什么是第二性的这个认识论的基本问题的范围内才有绝对的意义。超出这个范围,物质和意识的对立无疑是相对的。"(《列宁选集》第 2 卷,人民出版社 1972 年版,第 147 页)

(4) 作者提出事物现象有限同一论。作者提出把现象随同事物一并纳入物质范畴。作者引用了列宁的一段话:"在现象和自在之物之间绝没有而且也不可能有任何原则的差别。"(《列宁选集》第 2 卷,人民出版社 1972 年版,第 100 页)作者还提出人类思想史上早就有人提出事物现象有限同一观点。作者从中国哲学史范缜的"神灭论",佛教华严宗的法藏大师的"理事相即、圆融无障、事即是理"的关系说，六祖慧能大师提出的"灯光一体说"，论证事物现象有限同一论。作者认为，事物与其现象之所以同一，最充分、最根本的依据是：两者互相存在于对方之中，事物绝不可能无其现象也能存在，现象绝不可能无其所属事物就能见到。作者还认为，所有各门自然科学，包括物理学、化学、天文学、地质学、生物学、人类学，及其多如牛毛的分支学科，还有数学、逻辑学、信息论、系统论，等等，其中阐明的科学原理和客观规律、定律之类，概莫能外都是对于不同领域中事物与其现象如何有限同一的解答。

　　作者运用事物与现象有限同一论的原理，破解中外哲学史上一系列的认识论困惑，例如：①我们不能吃水果？②白马非马？③自之物不可知？④"第二性质"是怎么回事？等等，作者都有独到的见解。

　　（5）作者提出，根据事物现象有限同一论，精神也是一种物质，即与人脑这种事物有限同一的现象类物质。这种观点便是人脑精神有限同一论，可简称为"精神唯物论"。这是作者一个根本创新观点。作者认为，中外哲学史上，早已有类似精神唯物论的观点。作者详细论述了脑科学不断为精神唯物论提供证实：脑科学证明精神属于人脑而非心脏；脑科学证明精神病即脑病；脑科学新近证实了不存在能脱离人脑的灵魂。

　　作者认为，精神唯物论打开了人类正确认识自己的大门。精神唯物论进一步揭示了理性的本质，即理性作为精神现象，是存在于人脑之中、与人脑有限同一的现象类物质。

　　（6）作者提出，精神唯物论的认识论把认识作为名词，它就等同于理性，认识即理性，理性即认识。作者认为，理性"是经人脑思维而产生的、观念形态的、存在于人脑之中而与人脑有限同一的现象类物质"。作者提出，精神是一种信息。作者认为，"信息不外是一种现象类物质，它跟时间、空间、能量、运动、过程、状态、属性等一样，都是事物共有的一种现象，是跟无数事物有限同一的现象类物质"。

　　（7）作者提出"互相作用论的认识模式"："根据物质系统的原理，一切事物都在相互作用（包括事物内部的相互作用、事物与其环境之间相互作用）中发生和发展，这些相互作用是事物发生和发展的原因，一切事物的发生和发展都遵循相互作用论模式。""将事物发生发展相互作用论模式应用到认识论中,便可建立相互作用论的认识模式。"作者提出"五个世界"——①头脑;②躯体;③自然环境;④人工环境;⑤人际环境。作者提出五种相互作用和信息交换:①人天交换;②人工交换;③人际交换;④体内交换;⑤脑内交换。作者认为,人脑是在相互作用中获取信息原料。作者认为,通过五种相互作用,人脑获得了派生理性的信息原料,人脑便借其思维功能以派生理性。

(8) 作者对思维工具——语言,提出自己的有创意的观点:"在精神唯物论者看来,从狭义上说,人类语言在本质上是群体共创共用的,借声音和符号为载体进行思想交流,并用作思维工具的特定信息系统。"

(9) 作者提出,依据理性之内容和性质的不同,将理性区分为真相理性、价值理性、技术理性三大类。这也是有创意的。作者对这三大理性作了较详细的分析,重点分析了价值理性。

(10) 作者对人性、价值、人的本质、美等一系列问题都提出了独立思考、有创意的观点。

作者认为:"人性即是人之共性。……即在理性的指导下谋利抗害的本性。""生物的共同本性是趋利避害,故人类也具有趋利避害这种生物的共同本性。""站在精神唯物论立场,认为'人性本善''人性本恶'都是伪命题。"

作者认为:"所谓价值,即是主体的需要与其对象之间发生的利害关系。""精神唯物论所说的价值是以主观意志为转移,在有限同一的意义上等于说价值以人脑为转移。这是精神唯物论与主观唯心论二者之间的根本区别。"

对于人的本质为何?作者依据精神唯物论的解答是:"人是理性动物,人类精神是存在于人脑之中、与人脑有限同一的现象类物质。"

对于什么是美?作者认为,"精神唯物论给出的定义是:所谓美(或丑),即是主体所认定的审美对象于己审美价值的意义。"

（四）

本书上篇论述了比较抽象的"精神唯物论"哲学原理，下篇"我是谁？"论述了人类是理性动物、人脑的思维功能、人生的意义、人追求的各种价值，写得很具体、很形象，生动有趣，很接地气。此书可读性强。

本书下篇"我是谁？"的第四部分至第七部分是对人生的思考，是讲人生哲学，对每位读者都有启迪。

作者认为，作为哲学组成部分的人生哲学，"应该只去探讨人们的价值观有何内容？如何形成？有哪些具体的价值追求？等等。"作者认为，人生观、需要结构、价值标准，组成了一个人的价值观。作者根据自己的观察把现代人们的需要和追求的价值，概括为3个大类14个小类。第一大类，生存需要→生存价值，主要包括4个小类：①饮食需要→饮食价值；②性的需要→性的价值；③健康需要→健康价值；④安全需要→安全价值。第二大类，精神需要→精神价值，主要包括6个小类：①爱的需要→爱的价值（包括天伦之爱、情爱、友爱、博爱）；②荣耀需要→荣耀价值；③道德需要→道德价值（包括善良、公正、合理、正义）；④刺激需要→刺激价值；⑤审美需要→审美价值（包括自然美、艺术美、生活美）；⑥好奇需要→奇异价值。第三大类，综合需要→综合价值，主要包括4个小类：①工具需要→工具价值；②自由需要→自由价值；③信仰需要→信仰价值；④幸福需要→幸福价值。

作者在下篇第五、六、七部分对上述问题展开分析，有很多精彩的观点和具体生动的事例。这里不详细介绍了。读者如果仔细、认真阅读本书这部分，一定会获得很多知识，知道社会百态、人生百态，对自己的健康人生有益。

作者是哲学业余爱好者。作者数十年学习、研究马克思主义哲学，在古稀之年写成这本有思想深度、有理论高度的哲学专著，很不容易，很不简单，值得我学习。作者思想解放，独立思考，书中提出很多观点都有创意、创新。中山大学出版社出版这本哲学著作，是贯彻党的"双百方针"

政策的善举，值得赞许！这本书出版后，可能会引起哲学界对书中一些问题进行讨论，这是好事、有意义的事。繁荣我国哲学社会科学，繁荣文学艺术，必须贯彻百花齐放、百家争鸣的"双百方针"，这也是中国特色社会主义的必然要求。

此书"开卷有益"，希望有更多的读者关注哲学、学习哲学、研究哲学。

刘歌德

2016 年 11 月 29 日于康乐园

卷 首 语

　　世界好大，又很精彩；人生渺小，但很重要。那么，你愿意洞察并看破世界和人生的真相吗？如果愿意，就须掌握锐利的思想武器——正确的哲学理论。但是，自古至今哲学理论多如牛毛、流派繁杂，且互有抵触、良莠难辨，令人无所适从。再加上哲学理论高度抽象、深奥费解，以致多数人并不喜欢哲学，敬而远之。尤其作为唯心、唯物两大派别之一的唯心论，从根本上说均属谬论，亦即不符合世界与人生之真相的理论，只会把人引入荒谬境界，然而，它在哲学领域却一直占据统治地位。而唯物论虽其根本原理乃绝对真理，但因存在不足之处而致说服力不强。可见，欲寻得好使的思想武器也非易事。

　　本书所提供的"精神唯物论"，把马克思主义哲学的唯物论第一原理贯彻到底，是一种彻底唯物论的思想武器。"世界上只有物质"，这是唯物论的第一原理。那么，精神现象算不算物质？对这个苏联和我国哲学界论而未决的问题，笔者根据马列主义经典作家的启示和指明的方向，通过重新界定物质范畴，论证了事物与现象的有限同一、人脑与精神的有限同一，从而自圆其说地把精神纳入物质范畴。这样一种彻底的唯物论观点，便是所谓"精神唯物论"。笔者用这种思想武器去破解一系列悬而未决的哲学疑难，莫不迎刃而解。笔者也用这种思想武器剖析人类自身，对人的本质、人的理性之本质及来源、人所追求的种种价值以及人生意义，提出一家之言。到底这种思想武器是否真的如此锋利？真的有助于洞察世界与人生之真相，从而正确认识世界和认识自己？开卷有益，不妨一阅。

目　　录

上篇　彻底唯物论

一、"世界上只有物质"是绝对真理 / 3

二、传统唯物论存在缺陷 / 8
　　（一）传统唯物论无法把精神纳入物质范畴 / 8
　　（二）这个缺陷的认识根源是本体论思维模式 / 10

三、马克思列宁主义经典作家已经指明革新方向 / 17
　　（一）恩格斯指明唯物论应当不断革新和发展 / 17
　　（二）马克思明确指出观念是一种物质 / 17
　　（三）列宁提出超出认识论范围探讨物质和意识关系的课题 / 18
　　（四）列宁提出现象和自在之物原则上同一的课题 / 18
　　（五）列宁明确地提出"世界上只有物质"的第一原理 / 19

四、物质范畴的革新 / 20
　　（一）物质范畴的重新界定 / 20
　　（二）时空无限的物质世界 / 21
　　（三）时空有限的事物和现象 / 22
　　（四）对于何为物质，观念上必须有个根本转变 / 23

五、事物现象有限同一论 / 26
（一）事物与其现象的同一 / 26
（二）事物与其现象同一的有限性 / 28
（三）若干认识论问题的重新审视 / 30

六、人脑精神有限同一论 / 39
（一）人脑精神有限同一论的表述 / 39
（二）精神唯物论的观点早已有之 / 40
（三）脑科学不断为精神唯物论提供实证 / 42

七、唯物论必将战胜唯心论 / 50

下篇　我是谁？

一、人类是理性动物 / 59

二、理性从何而来 / 62
（一）精神包括理性与非理性 / 63
（二）精神是一种信息 / 64
（三）互相作用论的认识模式 / 66
（四）人脑在互相作用中获取信息原料 / 68
（五）人脑的思维功能 / 74
（六）思维工具——语言 / 75
（七）思维如何制造理性 / 81
（八）理性产品的层次——经验与理论 / 84

三、人类的三大理性 / 86
（一）从"休谟问题"谈起 / 86

（二）人类的三大理性 / 87
（三）价值理性的内容及其主体性 / 88
（四）价值理性与真相理性的区别和联系 / 96
（五）技术理性简述 / 103

四、人生意义何在 / 106
（一）价值观的组成 / 106
（二）丰富多彩的需要与价值 / 108
（三）人生观的建立 / 111
（四）需要结构的建立、主导需要的选择 / 112
（五）各种需要的融合、需要结构的调整 / 114

五、生存价值综述 / 116
（一）饮食需要与饮食价值 / 116
（二）性的需要与性的价值 / 119
（三）健康需要与健康价值 / 122
（四）安全需要与安全价值 / 124

六、精神价值综述 / 127
（一）荣耀需要与荣耀价值 / 127
（二）爱的需要与爱的价值 / 137
（三）道德需要与道德价值 / 141
（四）审美需要与审美价值 / 145
（五）刺激需要与刺激价值 / 152
（六）好奇需要与奇货价值 / 155

七、综合价值综述 / 161
（一）工具需要与工具价值 / 161
（二）自由需要与自由价值 / 165
（三）信仰需要与信仰价值 / 169

（四）幸福需要与幸福价值 / 174

结束语 / 186

主要参考文献 / 187

后记 / 189

上篇 彻底唯物论

一、"世界上只有物质"是绝对真理

"世界上只有物质",也就是列宁所说的"世界上除了运动着的物质,什么也没有"①。这是唯物论的第一原理,是唯物论之真谛,是迄今人类智慧所发现的唯一一条最高层次的绝对真理。

人类已经发现了很多真理(主要是自然科学领域的真理),但可肯定绝大多数为相对真理,亦即有其前提条件和适用范围的。而绝对真理则是无条件的、绝对的、置之四海而皆准的。能称得上绝对真理的学说和原理寥寥无几,若有人随便把自己的观点称为绝对真理,则属狂妄自大了。但是,我们有足够的底气宣称唯物论第一原理是绝对真理,而且还是最高层次的、统帅并管辖其他一切真理的绝对真理。倘若还有别的称得上绝对真理的,层次必在其下,受其统帅和管辖;至于种种相对真理,就更不用说了。

"世界上只有物质"这个唯物论第一原理并非仅为假设。我们知道,自然科学发展史中,科学家是不断地提出假设,不断地通过实证的办法,即观察和实验的办法,加以证实或证伪。一种假说经过实证,若证实对象客观存在,并且有其客观规律,那么这种假说就成为真理;反之,这种假说被证实并不存在,便是被证伪了,不能成为真理。这是科学理论发展的一种常见模式。在这里,假设就是假设,还未经过实证就不能说是真理。而唯物论第一原理经过自然科学长期发展的不断实证,早已超越假设而成为真理。

恩格斯说过一段生动的名言:"世界的真正的统一性是在于它的物质性,而这种物质性不是魔术师的三两句话所能证明的,而是由哲学和自然科学的长期的和持续的发展来证明的。"②自地球上产生人类文明以来,每一门自然科学、自然科学的每一次发现,都证实了研究对象的客观存在,并发现研究对象的客观规律，这就证实了其研究对象属于物质，证实了世界的统一性在于物质性。例如，17世纪，英国科学家牛顿发现万有引力定律和力学三大定律；19世纪，有三大科学发现（能量守恒和转化定律、细胞学说、达尔文进化论）和世纪末物理学三大发现（X射线、放射性、电子）；20世纪，相继创立了量子力学、量子化学、分子生物学；等等，均证实了世界万物都是物质、万象都是物质现象。

话说回来，各门自然科学只是实证自己的研究对象，而其研究对象不过是宇宙中某一类或某一领域的事物和现象。而唯物论原理的对象却是世界中无穷多的事物和现象，以及这些无穷多的事物和现象所组成的、时空无限的世界整体。因此，自然科学对唯物论原理的每一次实证，并不等于对唯物论对象的全称判断，亦即不等于对全部的无穷多的事物和现象所作的判断。因而，我们以自然科学长期发展的实证来证实唯物论第一原理，归根到底只属于不完全归纳推理。也就是说，不论过去、现在还是将来，自然科学对唯物论原理的实证永远都不能达到十足和充分。

既然如此，为何我们敢于把"世界上只有物质"的唯物论第一原理断定为绝对真理呢？这是因为我们基于有史以来此原理获得自然科学不断发展的持续的证实，从而树立了一种坚定信仰或信念，即坚信此原理不论过去、现在还是将来，永远都只会被证实，而不会被证伪！

两千多年前，古希腊哲学家柏拉图为"知识"一词下了一个沿用至今的定义：知识是经过证实了的真的信念。[③]唯物论第一原理就是这样一种经过证实了的真的信念。柏拉图的这个知识定义是有道理的。我们不可能做到让每种知识在无限的时空中获得完全的证实，因为证实一词属于完成时，只能证实过去而不能证实未来；而实证、实验、实践属于过程，有待得出证实或证伪的结论；对未来的东西则只能预测。知识在未来是否有效，将以其适用范围和时空条件为转移。人类自古以来积累和流传的知识当然会不断更新，而我们坚信一种知识在不超越其适用范围且时空条件无大变化的情况下必定有效，这是因为它在过去已经被证实为真，使我们对它信心十足、胸有成竹，以致成为一种信念。人类就是在不断积累的知识的指导下走过来的。倘若我们要求每种知识都必须是完全归纳推理，那世界上也就不存在什么"知识"了。

说到这里，唯心论或其他哲学派别可能以为抓住了把柄，理直气壮地提出反驳：既然你承认唯物论第一原理是不完全归纳推理，却称之为绝对真理，为何我不能把我的主张称为绝对真理？既然你可以有你的信仰，我就不可以有我的信仰吗？回答是：没错，你当然可以自认为掌握绝对真理，当然可以有你的信仰，问题是你能获得自然科学的证实吗？唯物论第一原理作为一种信念，已经获得自然科学长期发展的不断证实；而同样作为一种信念的唯心论，却不断被科学证伪。所以，属于真理的信念与属于谬误的信念，其区别就在于是否"经过证实为真"！

与唯物论相反，唯心论从未获得自然科学的证实。例如，古今中外的唯心主义哲学家提出种种世界本原或创世者，略数一下：古希腊阿那克西曼德的"无限者"、巴门尼德的"存在"、柏拉图的"理念"；近代德国哲学家黑格尔的"绝对精神"；世界三大宗教的上帝、如来和真主；中国则有道教的"道"及一系列天神、南宋陆九渊的"心"、南宋朱熹的"理"；等等。这些五花八门的世界本原或造物者，有哪个获得了自然科学证实？没有！

灵魂说曾经是唯心论的坚固基石。人类自诞生早期，就以为自己有灵魂。恩格斯说，"在远古时代，人们还完全不知道自己身体的构造，并且受梦中景象的影响，于是就产生一种观念：他们的思维和感觉不是他们身体的活动，而是一种独特的、寓于这个身体之中而在人死亡时就离开身体的灵魂的活动。"④这种自古以来令人迷惑不解的灵魂观念，被罗马教皇用作证明上帝创世说的最强有力依据。中世纪以来，梵蒂冈基督教教皇一直是反科学的中心堡垒。历史上的罗马教皇曾经穷凶极恶：1600 年活活烧死主张哥白尼日心说的布鲁诺；1632 年判处支持哥白尼日心说的物理学家伽利略终身监禁，并强迫他签署悔罪书。但几百年来教皇的强权统治在科学的进攻下节节败退，转而企图在神学与科学之间"搞协调"。1992 年 10 月，罗马教皇保罗二世宣布为伽利略正式平反，此后又一再提出对烧死布鲁诺认错。时隔 4 年，1996 年 10 月，保罗二世又对达尔文生物进化论表示一定程度的认可。他说，"新的知识使人们承认，进化论不仅仅是一种假设"，"实际上，在继各学科的一系列发现之后，这一理论已被科学家普遍接受"。这番话表明他不再坚持"上帝创造世界和人类始祖"的理论。同时，他又辩称"进化论与基督教神学之间是可以协调的"，"如果人的身体源于业已存在的有生命的物质，人的精神和灵魂则是上帝直接创造的"。这就是说，灵魂说成了教皇维护上帝创世说的最后一道防线。由此看来，在科学昌明的现代社会，这个教皇不太好当了。近几年，这最后一道防线也开始动摇、濒临崩溃了。通过对于"濒死体验"、所谓"灵魂出窍"现象的研究，如今科学家已证实了人之灵魂并不存在。

每个人最终都会死，死亡时刻究竟有何感觉？对此，人活着时无从知晓，死后也再没机会诉说。所以，我们无法通过实验获得和证实死亡的感觉。然而，世上有很多曾经经历"地狱之行"的人（比如曾重病、重伤，濒临死亡者），他们往往绘声绘色地描述自己死而复生的"濒死体验"。莫非这种体验大家最终都会有？自从20世纪90年代开展"脑研究的十年"以来，全世界都在兴致勃勃地探讨和争辩这个神秘而又恐怖的问题。

据中外有关调查研究，经历过"地狱之行"者所描述的"濒死体验"各式各样，超过40种。有的说自己的灵魂好似一朵轻云般从肉身上升到天花板上，看到医生们正在抢救自己的躯体；有的说在半空中看到救护车载着自己的躯体在高速公路上飞驰而去；有的说灵魂游离肉身之后飞出医院，墙壁与铁门都阻挡不了；有的说与肉体分开后，坐在一只小木船向远处的地平线驶去，在烟雾缭绕中出现了岸，看见岸上有死去的亲人向自己招手呼唤；有的说被一股旋风吸进巨大的黑洞，飞速向前，看到前面有一团闪烁的亮光，并在黑洞尽头见到早已逝世的亲人，只见他们都形象高大，绚丽多彩，光环萦绕……其中最为一致的描述，是意识与肉体的分离。倘若真的如此，岂不是人真的有灵魂？岂不是人死之后真的灵魂出窍而变成鬼魂？岂不是有力地支持了罗马教皇的上帝赋予灵魂说？

然而，通过脑科学家不断深入的研究，不断开展各种方式的实验，提示了灵魂出窍原来是大脑内部发生错乱而产生的幻觉。例如，2006年9月21日出版的《自然》杂志发表了瑞士神经病学家奥拉夫·巴兰克和同事们的研究结果，揭示了通过电刺激大脑特定区域可扰乱思维对身体的感知，从而产生灵魂出壳的体验。又如，2007年8月24日出版的《科学》杂志发表了瑞典卡罗琳医院的神经科学家亨利克·埃尔松和瑞士洛桑埃科勒联邦理工学院神经科学家奥拉夫·布兰克分别领导的两个小组的研究成果,他们先后在健康人身上完成类似"灵魂出窍"的模拟实验,证明了"灵魂出窍"可从神经学角度解释,即负责视觉与感官的脑电波之间失去联系时,就可能出现这种现象。再如,2011年8月17日剑桥大学医学研究委员会认知与脑科学研究小组的神经科学家迪安·莫布斯与爱丁堡大学的卡罗琳·瓦特在《趋势——认知科学》杂志网站上发表研究成果,认为对濒死体验的几乎所有内容都能从大脑功能异常中找到科学解释。这样一来,就从根本上动摇了唯心论关于上帝赋予人类精神和灵魂的观点。

近代哲学史上的怀疑论主张怀疑一切,对旧知识、旧理论要敢于怀疑。通过怀疑发现问题,接下来就要解决问题。为解决问题而进行探索、实验,这就促进了新知识的产生,促成科学家作出新的科学发现。这是怀疑论的积极和可取的一面。然而,有的极端怀疑论者只为怀疑而怀疑,没完没了地提出相反的假设和质疑。他们甚至提出人的清醒和做梦两种状态难于区分,因此怀疑整个人生是否都在做梦。这种极端怀疑论的要害就在于,他们只管怀疑,而把实践检验和科学实证撇开一边,绝口不提或不予承认。对于"世界上只有物质"的唯物论第一原理,他们无视此原理经过自然科学长期发展的证实,硬说这是独断论。当有人质疑:难道世界唯有物质吗?或有人进一步提出相反的假设:万一出现非物质的东西又如何?万一上帝、佛祖、真主真的活生生地来到我们面前,那又如何?面对这样的怀疑,只好回答:好吧,你就耐心地等着吧。到时上帝必定给你大大的奖赏,你想要什么就给你什么。

注释:

① 《列宁选集》第2卷,人民出版社1972年版,第128页。
② 《马克思恩格斯选集》第3卷,人民出版社1972年版,第83页。
③ 转引自胡军《哲学是什么》,北京大学出版社2002年版,第170页。
④ 《马克思恩格斯选集》第4卷,人民出版社1972年版,第219页。

二、传统唯物论存在缺陷

既然唯物论第一原理"世界上只有物质"不断获得自然科学长期发展的证实,而唯心论的理论则不断被证伪,那么,当今人类按理应该普遍接受唯物论才是。然而,现实却令人大为失望:今天的人类可以说大多数是唯心论者,因为大多数人信神!可见,唯物论不但尚未战胜唯心论,反而一直被唯心论占据上风。常言道,打铁先要自身硬。传统唯物论与唯心论对阵而处于下风,这就证明其自身不硬了。而唯物论的自身不硬,正是被唯心论长期占上风的主观原因。

传统唯物论为何自身不硬?究其原因是自身存在缺陷,即是未能把自己关于"世界上只有物质"的第一原理贯彻到底,因而无法做到把精神纳入物质范畴。而这种缺陷的认识根源,又是因为与其他哲学派别一起受到本体论思维模式的束缚。

(一)传统唯物论无法把精神纳入物质范畴

什么叫唯物论?顾名思义,"唯"是指"独""只""仅仅";"唯物"的意思就是独有、仅有,只有物质,除此再无其他。唯物论第一原理是"世界上只有物质",这是十分明确、毫不含糊、没有歧义的。那么,你既宣称"世界上只有物质",却又承认世界还存在精神这种非物质的东西;你尽管强调精神现象不能离开人脑这种物质而独立存在,但同时又强调不能把精神现象称为物质。于是,世界就不是只有物质,而是同时存在物质、精神这两者。这样一来,你的"世界上只有物质"第一原理就站不住脚了;你就自相矛盾了;你号称唯物论,其实不唯物了,而是一种变相的二元论了!

上述理论内部的逻辑缺陷是那么明显，简直是昭然若揭、一目了然，犹如秃子头上的虱子——明摆着，难道过去唯物主义哲学家对此都毫无觉察？不是的，其实他们早就发现了这个问题，而且曾经尝试加以解决。苏联和东欧哲学界在20世纪50年代、中国哲学界在80年代，都曾讨论过"物质的"能否纳入物质范畴的问题。哲学家把种类繁多的现象，如物质的属性、物质的运动、物质的结构、物质的存在形式、物质的相互作用，等等，统称为"物质的"。而精神作为人脑的现象，当然也是一种"物质的"。他们绞尽脑汁欲将"物质的"纳入物质范畴。但是谈何容易，这样的观点需加以强有力的论证，进而革新整个理论体系。这样一项浩大工程难度太大了，于是不了了之，终究未能把"物质的"纳入物质范畴，精神现象也就依旧被排除在物质范畴之外。

由于存在上述逻辑缺陷，传统唯物论对于精神的解释就苍白无力、不能令人信服。把精神、意识解释为人脑的属性、机能，或对客观世界的主观映象，这都没问题。问题就出在精神的主观能动性。人们会问，照你所说，精神不过是一种机能、一种映象，而这种机能、映象居然能动，不就成为一种活生生的实体了？就这一点来论，已十分近似于唯心论所主张的各种主观精神（如经验、心、思想、意志）或客观精神（如理、理念、绝对精神、上帝）。

人们还会提问：为何精神作为人脑的现象可有主观能动性，而其他种类的物质不可有主观能动性？如果其他种类的物质也有主观能动性，岂不是变成万物有灵？对此，你会解释道：因为人脑高度复杂才产生出主观能动的精神现象，而其他种类的物质包括高级动物如大猩猩，都未进化到人脑那么复杂，故无法产生类似精神的现象。那好，物质世界作为一个整体，够复杂吧？这么高度复杂的物质世界按理也会产生出主观能动的精神现象吧？这不正是万能的上帝？！

正因为自身存在理论缺陷，正因为无法令人信服地解释精神之本质，这就难怪唯物论迄今占下风，更谈不上制服唯心论了。

（二）这个缺陷的认识根源是本体论思维模式

让我们进一步揭示：为何传统唯物论未能把自己的第一原理，即世界上只有物质这条绝对真理贯彻到底，而未能做到把精神纳入物质范畴？产生这种缺陷在认识上的深层原因是什么？

当我们站在当今时代的高峰，居高临下地回头审视自古以来的整个哲学史，就可发现，不止唯物论，迄今所有的哲学派别，都执迷不悟、不可自拔地深陷于一种错误的思维模式，即沿袭所谓本体论思路去寻求世界本原。

在哲学史上，所谓哲学本体论，就是依据决定论因果律，去寻求世界本原、解决"基本问题"的一种思路。大家都知道"南辕北辙"的成语故事，方向搞错了，跑得越快就离目的地越远。哲学本体论就是这样一条南辕北辙的错误思路。它犹如千年梦魇，令无数哲学家固执而着迷般纠缠于物质和精神何者为世界本原。人人深陷其中而不可自拔。这个千年梦魇紧紧束缚着哲学家的思维，令他们无法正确理解人类精神现象的本质、无法正确理解世界与人类自身精神现象的关系。由此看来，所谓的哲学本体论，实在是人类思维发展史上的悲剧！

为了把道理讲清，在这里不得不用较长篇幅来描述因果律。

因果律本身并没错，而且还是人类最早发现的相对真理。这一伟大发现，应归功于人类的好奇心和求知欲。人类的好奇心和求知欲源于人类之天性。在日常生活中，孩子们总喜欢向大人刨根问底，比如追问自己从何而来。自幼被拐卖或送人抚养的孩子，总是念念不忘要找到自己的亲生父母。人们普遍有家乡情结，若自幼背井离乡，成年后必会怀念生养自己的家乡故土，往往不辞辛劳，跋山涉水去寻根问祖。人们还对一切尚未了解的事物或现象抱有神秘感和好奇心，总想弄清来龙去脉和奥秘所在。由于主客观条件的限制，许多事物和现象仍是难解之谜，而若这些事物和现象又涉及人们的切身利害，则令人们忧心忡忡、坐立不安，只好用假设的原因或美好的祈祷来安慰自己。

人类的这种天性很有实用价值，它使人类很早就发现了因果律，并借因果律而更迅速和有效地认识、适应和改造客观世界。我国战国时代荀子说的"天行有常",故可"制天命而用之",就是说掌握了客观世界的因果律便可为我所用。迄今人类在所有各门科学取得的一切成果,都离不开因果律的应用。

现代科学证明,因果律的确是世界万物万象的普遍规律。它表明,世界一切事物和现象有其产生,就有其灭亡。而其产生、发展和灭亡,又必定有其原因。因此,一切事物和现象都摆脱不了因果关系,只是各种事物和现象处于各种不同的因果关系之中。

20世纪,科学界乃至哲学界发生了一场持久的决定论与非决定论之争。现在看来,双方各有依据,各有合理成分。决定论表述必然性的因果关系,即单向线性的因果关系,故可称为决定论因果律。按照决定论因果律,任何事物均有其确切原因,此确切原因必然导致某种确切后果。因而,只要找出确切原因,便可推定其必然后果。这正是人类最早发现的一种因果律。早在2200年前,发现杠杆定律的古希腊物理学家阿基米德曾豪迈地宣称,"只要给我一个支点,我就能举起地球"。他是运用决定论因果律而发现事物客观规律的最早典型。非决定论则表述或然性、统计性的因果关系,强调原因在于事物内部和外部的互相作用,强调结果有多种可能并呈现为统计概率,故可称为非决定论因果律。打个通俗的比方,人们常说"有缘千里来相会",跟谁结婚是命中注定,这是一种跟决定论因果律有相通之处的宿命论。错!姻缘正是非决定论因果律发挥作用。娶谁?嫁谁?由于存在众多的因素,因而存在众多的可能性,最后从茫茫人海中碰上并选择了她(他),并非前世就注定,而是撞上了多少亿万分之一的概率。所以,决定论因果律与非决定论因果律各有其适用范围,不能偏执一端而否定另一端。它们是因果律的两大种类,都是只适用于一定时空范围内的相对真理。若超出各自的适用范围,便会导致错误的认识。

列宁说,"任何真理,如果把它说得'过火'(如老狄慈根所指出的),加以夸大,把它运用到实际所能应用的范围以外去,便可以弄到荒谬绝伦的地步,而且在这种情况下,甚至必然会变成荒谬绝伦的东西"。[①] 哲学本体论正是错误地超范围运用决定论因果律,从而使自己成为人类思维发展史上最为荒谬绝伦的东西。它依据决定论因果律,错误地认定世界必定有其终极本原，于是孜孜不倦、前赴后继地去追寻这个终极本原。

哲学本体论追寻世界本原的历史分为以下两个发展阶段。

第一阶段是自2000多年前哲学诞生起直到近代。此期间哲学家寻获的世界本原乃是五花八门、各式各样的具体事物或抽象物。他们是沿着两个相反方向寻获的：一是从微观方向，追寻到组成世界万物的始基或元素。例如，在古希腊有泰勒斯的"水"、阿那克西美尼的"气"、赫拉克利特的"火"、恩培多克里的"四根"（水、土、气、火）、阿那克萨哥拉的"种子"、德谟克里特的"原子"；在古代中国，有"五行"（金、木、水、火、土）、"气"；在近代有德国莱布尼茨的单子、奥地利马赫的中立原子，等等。二是从宏观方向，追寻派生世界万物的某种抽象物。例如有神论者主张的神，包括"上帝"等；主观唯心主义者提出的主观意识，如我国南宋陆九渊提出的"心"；某种抽象物，如古希腊阿那克西曼德的"无限者"、巴门尼德的"存在"、柏拉图的"理念"，我国道家鼻祖老聃的"道"、南宋朱熹的"理"，等等。

第二阶段为近代。此时哲学家经过2000多年对世界本原的艰难探究，终于取得一个成果：确立了世界二元——物质与精神（或存在与思维）。近代哲学家把世界万物万象作了高度概括，把古代哲学家所说的各种世界本原之中的水、气、火、原子等有形的东西归结为物质，把上帝、心、观念之类无形而能动的东西归结为精神。哲学家认为，这两大范畴"广泛已极"，世界的万物万象都被概括其中，除此再无别的事物和现象了。

在此基础上，近代哲学家把物质与精神的关系问题作为哲学的"基本问题"。他们认为，广泛已极的物质与精神这两者的关系如何，这个问题贯穿了整个哲学史，因此这是整个哲学的"基本问题"。黑格尔认为，"现时哲学观点的主要兴趣，均在于说明思想与客观对立的性质和效用，而且关于真理的问题，以及关于认识真理是否可能的问题，也都围绕思想与客观的对立问题而旋转"[②]。这里所谓"思想与客观的对立"即指思维与存在、精神与物质的对立。黑格尔认为这是"哲学的起点，这个起点构成哲学的全部意义"[③]。费尔巴哈也强调思维与存在的关系"这个问题是属于人类认识和哲学上最重要而又最困难的问题之一，整个哲学史其实只在这个问题周围绕圈子"[④]。恩格斯更是明确指出："全部哲学，特别是近代哲学的重大的基本问题，是思维和存在的关系问题。"⑤可见，这个"哲学基本问题"只是在近代，随着物质与精神两大范畴的概括，才确立了它在哲学史上的地位。

物质与精神这两大范畴的概括，以及"哲学基本问题"的确立，使哲学最高层次的终极关怀在表面上发生了重大的转向：由追究世界本原转向追究"基本问题"。那么，这种转向是否表明哲学家不再追究世界本原了？本体论是否从此废弃了？非也。这种转向，实质上只是由直接追寻世界本原，转向借追究"基本问题"而间接回答何为世界本原：唯物论阵营对"基本问题"的解答，是物质派生精神，物质第一性、精神第二性，因此物质是世界本原；唯心论阵营对"基本问题"的解答，是精神派生物质，精神第一性、物质第二性，因而精神是世界本原；二元论对"基本问题"的解答，则是物质、精神两者同为世界本原。

以上表明，迄今整部哲学史就是追究世界本原的历史。自古以来所有哲学派别在追究世界本原时，又都不约而同地应用了决定论因果律。决定论因果律所适用的因果关系是单向的、必然的、决定性的；因就是因、果就是果，而不能颠倒过来或者互为因果。由因单向产生果，在本体论里叫作"派生"。唯物论认定物质单向派生精神，唯心论则认定精神单向派生物质。从世界中追寻到的终极原因，在本体论里叫作世界本原，又叫作"元"。"元者为万物之本"，追寻到世界的终极原因就是找出了世界之元。各种哲学派别所主张的世界之元，依其数量和性质的不同而可分为三大类：中性物一元论、物质或精神一元论、二元论。中性物一元论主张某种唯一的、中性的世界本原，它既派生出物质，又派生出精神。例如莱布尼茨的单子、马赫的中立原子等。物质或精神一元论，即唯物论、唯心论两大派别。两者都主张物质与精神两者之中只能一个是本原，都主张这个本原由这两者谁派生谁来决定。唯心论确认精神派生物质，故精神为唯一的世界之元；唯物论确认物质派生精神，故物质为唯一的世界之元。二元论，即主张物质与精神两者各自独立、并列为世界本原。亚里士多德、笛卡儿、康德，便是哲学史上最著名的二元论者。

然而，迄今为止的所有科学成果都证明，世界并不存在终极的世界本原。历经千辛万苦、孜孜不倦去寻找不存在的东西，能说这种思路是正确的吗？自然科学的长期发展非但没有证实世界有某种终极的本原，反而不断从反面证明所有企图寻找世界本原的努力都是徒劳的。近现代科学所取得的一系列重要成果，导致物质层次结构理论的建立。早在19世纪，恩格斯就在《自然辩证法》中提出过物质层次思想。他按物质的尺度大小或质量大小划分层次："按质量的相对的大小分成一系列较大的、容易分清的组，……可见的恒星系，太阳系，地球上的物体，分子和原子，最后是以太粒子，都各自形成这样的一组。"⑥更著名的是，他又从物质运动形式上划分，从低级到高级分为四类：机械运动形式—物理运动形式—化学运动形式—生命运动形式。基于物质可分层次的思想，恩格斯还做出过后来被科学证实的预言："原子决不能被看作简单的东西或已知的最小的实物粒子"。⑦虽然现代科学的新成就扩展、补充或改变了恩格斯的划分的层次，但也证明了恩格斯关于物质有层次等级结构的思想是正确的。

根据自然科学的物质层次论，"我们的宇宙"中的物质层次，按物质运动形式划分，从低级到高级依次分为四个层次：物理运动形式、化学运动形式、生命运动形式、人类社会运动形式。按物质结构不同而引起的性质不同来划分，也可从低级到高级分为四个基本层次：第一层次是与物理运动形式相对应的物质，包括夸克、基本粒子、原子核、原子、分子等微观物质，它们由强相互作用、弱相互作用和电磁相互作用引起运动和变化；也包括物体、恒星、行星系、星团、星系团等宏观物质，它们由经典物理学规律支配。第二层次是与化学运动形式相对应的物质，也以原子、分子为物质担当者，但这是以化学运动形式存在的原子、分子，即通过化学反应而联结成化学系统的原子、分子，它们联结成的化学系统以其化学组成的不断变化为本质特征。第三层次是与生命运动形式相对应的物质，它们是由蛋白质核酸分子体系以及由此组成的细胞、个体、群体等有机体。有机体通过同化、异化与外界环境发生新陈代谢的相互作用以及核酸-蛋白质的相互作用，这些相互作用把力学运动、其他物理运动、化学运动高度地统一起来，造成自我更新、自我繁殖、自我调节、自我完善的生命运动形式。第四层次是与人类社会运动形式相对应的物质，即人类社会，人类社会又有其特殊的运动和发展的规律。

自然科学建立的这个物质层次论，是否证明科学家终于找到世界终极本原呢？不是。它非但没有证实存在世界本原，相反地，却证实了世界本原是不存在的。例如，在宏观方面，宇宙学由地心说发展到日心说，又由日心说发展到今天的宇宙大爆炸理论，似乎终于把世界起源定格在宇宙大爆炸那一瞬间。然而，这只是"我们的宇宙"的起源。按照因果律，每一种原因又必定有其原因，所谓的"世界起源"也必定还有它的起源；不断追溯起源的起源，便形成起源的无限序列。因此，科学不但没有证实宇宙大爆炸那一瞬间就是终极的世界起源，而且向自己提出了探讨宇宙大爆炸之前是何状况的任务。又例如，在微观方面，科学家把"我们的宇宙"像洋葱那样，从分子、原子、原子核、基本粒子到夸克，一层层地剥开。每剥开一层，就以为发现了世界本原，但过不久却发现还可再剥开一层。早在2000多年前，古希腊哲学家留伯基、德谟克利特、伊壁鸠鲁就提出世界的始基是原子的猜想，到了19世纪科学家果然建立了科学的原子论，这下子全世界欣喜若狂，以为世界本原终于找到了。然而，进入20世纪后却发现原子像剥洋葱似的还可层层向里剥，这就证明从微观方向也不可能找到终极的世界本原。

以上情形显得很有趣：科学家其实也跟哲学家们一样，也是依据决定论因果律去追寻世界本原，结果却歪打正着，世界本原未找到，却一层层深入地了解物质层次结构。这样说来，本体论也算有功劳了。然而，倘若科学家一开始就明确世界时空无限，并不存在什么终极本原，则可能更自觉地致力于剥洋葱的工作。因为他们心里明白：对物质层次结构每深入了解一层，都还有更深、更高层次的物质结构等待他们探索，因而他们永远都不会固步自封、停顿不前，而且可避免为是否发现世界本原而进行毫无意义的争执和浪费宝贵的时间与精力。

从上述可见，哲学本体论之所以荒谬，是因其错误地使用了决定论的因果律。第一，世界时空无限，并不存在什么终极本原（这一点待后面重新界定物质范畴时再予详述），本体论却错误地根据决定论因果律推出世界必有其终极本原。第二，物质世界与世界万物万象之间的关系，是整体与其部分之间包含与被包含的关系，而不是派生与被派生的关系，因而不适用决定论因果律。

可能会有部分人质疑：照你这样说，岂不是整个哲学史都被否定了？

岂不是自古以来所有哲学理论都是谬论？这不太狂妄了吗？仅就本体论错误使用决定论因果律的事实而言，情况确实如此！这是个人意见，文责自负。

　　大破方能大立。作为唯物论者，当我们彻底否定和抛弃本体论、从本体论这个千年梦魇中清醒过后之后，头脑就会豁然开朗，就将发现：解决精神之谜的正确思路，就是把唯物论"世界上只有物质"的第一原理贯彻到底，把精神纳入物质范畴。也就是说，让我们回到曾被列宁错怪为"糊涂思想"的、狄慈根早就指明的"扩大物质概念"的道路。

注释：

① 《列宁选集》第4卷，人民出版社1972年版，第217页。
② 《小逻辑》，商务印书馆1980年版，第93页。
③ 《哲学史讲演录》第3卷，商务印书馆1959年版，第292页。
④ 《费尔巴哈哲学著作选集》下卷，三联书店1962年版，第621页。
⑤ 《马克思恩格斯选集》第4卷，人民出版社1972年版，第219页。
⑥ 恩格斯：《自然辩证法》，人民出版社1971年版，第248页。
⑦ 恩格斯：《自然辩证法》，人民出版社1971年版，第247页。

三、马克思列宁主义经典作家已经指明革新方向

马克思列宁主义经典作家早就指出，唯物主义理论应当不断革新、不断完善、不断发展，也曾明确指出精神现象在本质上即是一种物质，并对如何把精神纳入物质范畴提出过若干研究课题，指明了研究的方向。

（一）恩格斯指明唯物论应当不断革新和发展

恩格斯早在1886年就于《路德维希·费尔巴哈和德国古典哲学的终结》中指出，"随着自然科学领域中每一个划时代的发现，唯物主义也必然要改变自己的形式"[①]。这句话表明，马克思主义哲学是个开放的、不断自我革新、自我完善的理论体系，而不是固步自封的、僵化不变的理论体系。然而，至今已过去130年，自然科学已产生一系列划时代的发现，譬如相对论、量子力学、基因学说、系统论、控制论、信息论等，而唯物论的形式居然丝毫未改。显然，这种局面无法向先哲交代。

（二）马克思明确指出观念是一种物质

马克思说，"观念的东西不外是移入人的头脑并在人的头脑中改造过的物质的东西而已"[②]。这一论断具有划时代的历史意义。一方面它揭示了：观念的东西是一种物质的东西，理所当然地包含在物质范畴之内；换言之，精神现象在本质上是一种物质。另一方面，它还提出一系列研究课题：把观念的东西说成物质的东西，依据和理由何在、观念的东西是如何移入人的头脑的、观念的东西在人的头脑中是如何改造的。对于这些课

题，似乎至今还没有谁认真对待、深入探讨和论证。恰恰是马克思这一论断及其所提出的课题，为我们指明了深化唯物论理论研究的方向。

（三）列宁提出超出认识论范围探讨物质和意识关系的课题

列宁说，"当然，就是物质和意识的对立，也只是在非常有限的范围内才有绝对的意义，在这里，仅仅在承认什么是第一性的和什么是第二性的这个认识论的基本问题的范围内才有绝对的意义。超出这个范围，物质和意识的对立无疑是相对的。[3]"在这段话中，列宁表明，物质和意识的对立具有绝对意义的范围非常有限，只在认识论的非常有限的范围之内。那么，超出这个非常有限的范围，在不受限制的情况下，物质和意识的对立并无绝对的意义了。言下之意，此时两者并不对立，而是同一了。显然，这也是一个有待探讨和论证的课题。在后面我们将马上看到：一旦超出这个认识论的有限范围，我们就将眼界大开、思路豁然，就将不难发现：事物与其现象、人脑与其精神，都应当在一定条件下同一或等同。

（四）列宁提出现象和自在之物原则上同一的课题

列宁说，"在现象和自在之物之间绝没有而且也不可能有任何原则的差别。[4]"这一论断表明，现象和自在物之间的差别只是非原则的；相反，在原则上，两者之间应该是同一或统一的。这样一来，我们须要探讨和论证：现象和自在之物之间为何在原则上是同一或统一的？两者在原则上又是如何同一或统一的？这又是一个重要的课题。实际上，只需充分论证两者在原则上同一，就能够把现象和自在之物一并纳入物质范畴之中，进而顺理成章地把精神现象纳入物质范畴之中。

（五）列宁明确地提出"世界上只有物质"的第一原理

哲学史上有各种不同形式、不同主张的唯物主义学说，其共同之处是肯定世界的物质性。然而，这些学说似乎未曾明确表述唯物论的第一原理。终于，列宁响亮地指出："世界上除了运动着的物质，什么也没有。"⑤这就是唯物论的第一原理！简言之，即是"世界上只有物质"！只要我们把这条唯物论第一原理贯彻到底，就有可能正确地和顺利地解答上述经典作家提出的一系列课题，就有可能对现代自然科学提供的新发现、新成果进行正确的哲学概括，从而与时俱进地革新唯物论，实现恩格斯关于改变唯物主义形式的要求。

当年马克思经典作家提出上述一系列课题，但在当时未能展开研究。一方面，那个时代的科学发展水平不能跟今天相比，不能像今天那样有大量新的科学成就提供给哲学作为理论依据和概括材料。另一方面，马克思主义经典作家身兼革命家，他们投身于并领导着如火如荼的无产阶级革命，不可能有更多的时间和精力来展开和论证这些课题。虽然如此，他们提出的那些真知灼见，为唯物论的革新指明了方向。我们不能躺在他们创造的业绩上面坐享其成、不思进取。今天太平盛世，难道我们不该遵循他们指明的方向，勇敢地担负起他们交给我们的历史任务，去努力研究和论证他们的真知灼见吗？本书接下来的论说，是试图对马列主义经典作家上列观点进行论证和演绎。倘有谬误之处，敬请专家学者指正。

注释：

①《马克思恩格斯选集》第4卷，人民出版社1972年版，第224页。
②《马克思恩格斯选集》第2卷，人民出版社1972年版，第217页。
③《列宁选集》第2卷，人民出版社1972年版，第147页。
④《列宁选集》第2卷，人民出版社1972年版，第100页。
⑤《列宁选集》第2卷，人民出版社1972年版，第177页。

四、物质范畴的革新

对唯物论进行革新，这是一项艰巨的理论工程。"万丈高楼平地起"，让我们迈开第一步，从基础工程开始施工，即从理论的逻辑起点开始。唯物论的逻辑起点就是物质范畴，因此，首先必须重新界定物质范畴。

（一）物质范畴的重新界定

通过彻底地贯彻"世界上只有物质"的第一原理，可对唯物论的物质范畴重新界定如下：物质范畴包含高、低两大层次：高层次——物质世界，即是时空无限地存在的、把无穷多的所有事物和现象都包括在内的巨系统；低层次——具体物质，即是时空有限地存在的任何具体事物和现象。

物质范畴极其特殊，不仅比任何其他哲学范畴特殊，而且比现有人类思维中的任何概念都特殊。其特殊之处在于，它包含了物质世界和具体物质两大层次，予以界定时就得两者并提，而不能只顾其中一个而忽略另一个，此其一也。其二，这两大层次具有截然相反的性质：作为高层次的物质世界只有一个，具有时空无限性，这是它作为巨系统的整体突现性质。作为低层次的具体物质，即物质世界之内的具体事物和现象，则数量无穷多；每个具体事物和现象均时空有限，有其生必有其死；并且其生必从其他事物或现象转化而来，其死必转化为其他事物或现象。

经如此重新界定的物质范畴是个大而无当、包罗万象的范畴。作为高层次的物质世界，时空无限地存在，大到人类无法想象、无法穷尽。作为低层次的具体物质则无穷多，它包括事物和现象两大种类，即事物类物质和现象类物质，包括了一切生物和一切无生命物质，包括了自然界和人类，包括了人类社会内部所有的人、群体或组织；与此同时，它还包括了人类至今已经观察和认识到的，以及尚未观察和认识到的一切现象。

于是，通过对物质范畴的重新界定，我们得到了两条新的唯物论原理。

第一条，物质世界只有一个，具有时空无限性。

第二条，具体物质，即物质世界之内的具体事物和现象，其数量无穷多；每个具体事物和现象均时空有限地存在，有其生必有其死；并且其生必从其他事物或现象转化而来，其死必转化为其他事物或现象。概而言之，具体物质必有其生死转化。

这两条原理可依次称为唯物论的第二原理、第三原理。它们从属于唯物论关于"世界唯有物质"的第一原理。它们与唯物论第一原理一样，也是放之四海而皆准的绝对真理。

（二）时空无限的物质世界

物质世界时空无限地存在，根本没有什么终极的原因或本原。哲学史中，虽然大部分哲学家都受本体论思维模式的支配而执着追究世界本原，但也有个别哲学家认为世界时空无限。我国东汉时期的王充提出，"天去人高远，其气莽苍无端末"；唐朝的柳宗元提出，"天地无倪（无边）""无中无旁""无极无方"。这些都指出天是时空无限的。古罗马的卢克莱修认为，宇宙是无限的，因此它没有所谓的中心，在宇宙中有无数世界在形成、发展和消亡。15世纪德国库萨的尼古拉指出，统一的宇宙、物质世界是无限的。16世纪意大利的布鲁诺认为，不存在什么作为宇宙边界的恒星天层，无数恒星就如无数的太阳系；宇宙是无限的永恒存在，不可被创造，也不可被消灭。17世纪法国的笛卡儿认为，不论我们在什么地方立一个界限，总可以想象在这个界限之外还有无限广延的空间，因此世界是无限的。17世纪荷兰斯宾诺莎的实体学说，则把实体描述为唯一的、无限的、永恒的。到18世纪中叶，德国的康德更加明确指出，一切有限的东西，一切有开始和起源的东西，它们自身里面就包含着它们是有限的这个本质上的特点；它们一定会消灭，一定有一个终结。整个宇宙的这一边,有世界不断衰老和死亡;而在那一边,则有世界不断形成和产生。恩格斯在《反杜林论》中也批判了世界有个开端的谬论。他指出,"时间上的永恒性、空间上的无限性,本来就是,而且按照简单的字义也是:没有一个方向是有终点的,不论是向前或向后,向上或向下,向左或向右"。[①]

现代科学中的物质系统论关于整体突现性质的原理,能很好地解释,为何世界具有时空无限的性质。早在2000多年前,亚里士多德就曾提出"整体大于它的各部分的总和"的命题,但在当时这只是一种猜测和臆想。到20世纪40年代,才诞生了建立在科学的、经验的基础上的系统论。系统论的突现原理指出:由部分构成整体时,有新的性质突然出现,旧的性质突然消失,所以整体不等于部分之和。根据这个原理,我们就可理解,物质世界是由其组成部分即无数时空有限地存在的事物和现象组成的巨系统,物质世界与其中一切事物和现象之间的关系是系统整体与其组成部分之间的关系;物质世界整体获得其组成部分所没有的时空无限性的同时,又丧失了其组成部分时空有限地存在的性质。因此,虽然物质世界中每个事物和现象都是时空有限地存在,但物质世界整体却有其整体突现性质,即时空无限性。

(三)时空有限的事物和现象

物质世界中的具体物质无限多样,但是,归根到底只有事物与现象两大类。所以,事物与现象也应被视为广泛至极的两个哲学范畴。在过去,对这两个概念曾有不同的用法,现在,既然把它们提升到广泛至极的哲学范畴,就须重新予以界定。

所谓事物,是指能够在有限时空中独立存在的具体物质。然而,它的独立存在并非脱离它的现象而独立存在,而是存在于它的众多现象之中。

所谓现象,是指作为事物之展现的具体物质。每一事物都有众多的现象;每种现象都不能独立地存在,而是与所属事物的其他众多现象共同存在于所属事物之中。

这就是说,事物与现象的不同,在于前者能独立存在、后者不能独立存在,这是把两者区别开来的依据之一。而两者的共性,则是有生有灭、时空有限地存在，即都有其生灭转化。事物的生灭转化情况是：其生是从其他事物转化而来，其灭是转化为其他事物。现象的生灭转化情况是：或者伴随所属事物存在的整个过程，随所属事物的生灭转化而生灭转化；或者只伴随所属事物发展的某一阶段而短暂存在，先由该事物的旧现象转化而来，后则转化为该事物的新现象。

这里所说的"事物"，既包括了传统唯物论所说的物质，即不依赖我们存在而又能为我们的感官所反映的外部世界，也包括了我们自身。从而使我们自身进入物质之列，避免了传统唯物论的物质定义而把我们自身排除在物质之外所带来的弊病。

这里所说的"现象"，是过去传统唯物论认定为虚的、不实的、因而无法列入物质范畴的东西，它包括传统唯物论所说的各种各样的"物质的"，也包括精神现象，从而令精神现象作为现象类物质进入物质范畴。

这里使用"事物"而不用"实物"，因为事物有实有虚，含义比实物更为广泛。例如，不但人的个体是一种事物，而且国家、民族、政党、企业等也都是事物，把后者说成实物就不贴切。与此类似，不但自然界的恒星、星系、高山、大海是事物，宇宙、太空也都是事物，把后者说成实物同样不贴切。

（四）对于何为物质，观念上必须有个根本转变

目前，唯物论沿用的物质定义是列宁在《唯物主义和经验批判主义》中所下的定义："物质是标志客观实在的哲学范畴，这种客观实在是人通过感觉感知的，它不依赖于我们的感觉而存在，为我们的感觉所复写、摄影、反映。"[②]哲学界一般认为，这是一个认识论的物质定义。列宁在下这个定义时考虑到，"对于认识论的这两个根本概念（指物质与精神——作者注），除了指出它们之中哪一个是第一性的，实际上不可能下别的定义。下'定义'是什么意思呢？这首先就是把某一个概念放在另一个更广泛的概念里。……现在试问，在认识论所能使用的概念中，有没有比存在和思维、物质和感觉、物理的和心理的这些概念更广泛的呢？没有。这是些广泛已极的概念，其实（如果撇开术语上经常可能发生的变化）认

识论直到现在还没有超过它们。"③在《唯物主义和经验批判主义》中，列宁还反复强调"物在我们的意识之外并且不依赖于我们的意识而存在着"④，"对象、物、物体是在我们之外、不依赖于我们而存在着的"⑤，"物存在于我们之外"⑥，"在物质之外，在每一个人所熟悉的'物理的'外部世界之外，不可能有任何东西存在"⑦。由此可见，列宁所下的这个物质定义确是认识论的物质定义，即通过人的感觉与外部世界之间反映与被反映的关系，从而肯定物质的客观实在性。

显然，如果只局限于这个认识论的物质定义，那么物质范畴就只能适用于标志外部世界的客观实在性，而作为认识主体则被排除在物质范畴之外。外部世界不依赖于我们的精神而存在，这无疑正确。然而，如果认定我们自身也是物质，却不能没有精神。笛卡儿说，"我思故我在"，也就是说，"我"的存在依赖于正常健全的精神。虽然"我"因入睡或因伤病昏迷而暂停"我思"，但清醒过来仍保持正常健全的精神。如果"我"完全不能思、完全丧失正常健全的精神，就算"我"仍在，也只能是疯子、植物人或脑死亡者。所以，为了把我们自身纳入物质范畴，就需超越认识论的范围，对物质范畴加以重新界定。列宁说，"当然，就是物质和意识的对立，也只是在非常有限的范围内才有绝对的意义，在这里，仅仅在承认什么是第一性的和什么是第二性的这个认识论的基本问题的范围内才有绝对的意义。超出这个范围，物质和意识的对立无疑是相对的"。⑧现在，我们重新界定的物质范畴就是超出了这个"非常有限的范围"，从而消除了物质与精神的对立。

把精神纳入物质范畴，这无疑是一次观念上的根本变革。其实，传统唯物论早已实行过一次关于物质概念的变革。传统唯物论曾经认为，只有那些实的、有形的东西，才能独立存在，才是物质；而所有可确认为实的东西，都必须能够被我们感觉得到，例如坚硬的石头、轻拂的微风、灼热的火焰、诱人垂涎的佳肴等。反之，那些看不见摸不着的、感官感觉不到的东西，则是不能独立存在的，不能算是物质。恩格斯在《自然辩证法》中就说过，"实物、物质无非是各种实物的总和，"⑨"当我们把各种有形地存在着的事物概括在物质这一概念之内的时候，我们是把它们的质的差异撇开了"⑩。然而，现在传统唯物论不再使用恩格斯的物质定义了。因为随着科学的发展,有些事物虽然看不见摸不着、不能被我们感觉到,通过科学仪器的探测,即通过间接的办法,也能够认识到它的真实存在。例如,原子、基本粒子、电磁波、作用场,等等。按照过去的观念,这些东西既看不见摸不着、不能为我们的感官所"反映",又是无形的,没有所谓"可延性""不可入性"的,按恩格斯的定义肯定不算物质。但因科学证明了它们的客观存在,所以传统唯物论也已承认它们是物质。这种观念的转变,确系一大进步。现在,我们把物质世界中的一切事物和现象,包括我们自己的精神现象,统统纳入物质范畴,这不过是进行关于物质范畴的第二次观念转变。让我们鼓起勇气,勇敢地进行观念转变吧!

注释:

① 《马克思恩格斯选集》第3卷,人民出版社1972年版,第89页。
② 《列宁选集》第2卷,人民出版社1972年版,第128页。
③ 《列宁选集》第2卷,人民出版社1972年版,第146页。
④ 《列宁选集》第2卷,人民出版社1972年版,第79页。
⑤ 《列宁选集》第2卷,人民出版社1972年版,第101页。
⑥ 《列宁选集》第2卷,人民出版社1972年版,第107页。
⑦ 《列宁选集》第2卷,人民出版社1972年版,第351页。
⑧ 《列宁选集》第2卷,人民出版社1972年版,第147页。
⑨ 《马克思恩格斯选集》第3卷,人民出版社1972年版,第556页。
⑩ 恩格斯:《自然辩证法》,人民出版社1971年版,第233页。

五、事物现象有限同一论

前文中，我们迈开了把精神纳入物质范畴的第一步，即重新界定了物质范畴。现在迈开第二步，让我们把事物与其现象之间的关系大体上厘清，做到把现象随同事物一并纳入物质范畴。

能否做到把现象纳入物质范畴？答案是：完全可以。列宁早就指出："在现象和自在之物之间绝没有而且也不可能有任何原则的差别。"[①]既然这两者没有任何原则差别，那原则上就应该是同一的了。既然两者原则上同一，那么两者都应纳入物质范畴了。列宁当时正领导着改变世界面貌的俄国十月革命，没有更多的时间和精力来论证这个原理。现在我们就来做这个工作吧。

（一）事物与其现象的同一

1. 关于"同一"之含义

这里所谓"事物与其现象的同一"，不是什么"同一性"。"同一性"作为哲学术语有多种含义：毛泽东《矛盾论》中所说的"矛盾同一性"，是指矛盾的统一性和一致性，以及对立面的互相转化。这种"同一性"是很玄妙的，例如可令敌人转化为朋友、坏事变好事，等等。还有所谓哲学基本问题的第二个方面，即思维能够认识存在、存在是可知的，被称为"思维与存在的同一性"。黑格尔则把"同一性"作为一个重要范畴，提出"同一性包含差异性"，等等。这些说法都是大师通过哲学思辨而创造出来的术语，非常奥秘而精妙。坦白地说，笔者对诸如此类的"同一性"分不清也记不住。现在这里所说的事物与其现象的同一，是指事物与其现象两者简单明了、直截了当的等同，也就是俗话所说的"一码事"，跟上述各种"同一性"风马牛不相及。

人类思想史上早就有人提出类似观点。例如，我国南朝时期提出"神灭论"的范缜，为论证形神"名殊而体一"的观点，以刃利关系比喻形神关系。他说，"利之名非刃也，刃之名非利也；然而舍利无刃，舍刃无利"。这可理解为最早的事物现象同一论：因为刃是一种事物，利则是它的一种现象；刃与利同一的，只不过名称不同而已。南北朝时佛教华严宗的法藏大师论述了"理事相即、圆融无障、事即是理"的关系，其中所用的水、波之喻，恰恰也表达了事物现象同一论：水是一种事物，波是水的现象，虽然波涛万顷、巨浪起伏，但水、波互融，两者同一。以通俗区别于华严宗之深奥的禅宗，出了个大名鼎鼎的六祖慧能大师，他提出"灯光一体说"："有灯即光，无灯即暗，灯是光之体，光是灯之用。名虽有二，体本同一。"比较之下，西方哲学史上则似乎未发现有类似的观点。

2. 事物与其现象何以同一

事物与其现象之所以同一，最充分、最根本的依据是：两者互相存在于对方之中。一方面，每一事物存在于它的每一种现象之中；另一方面，它的每一种现象也存在于它本身之中。

众所周知，传统唯物论的观点是客观事物能独立存在，现象则不能独立存在，只能依赖于所属事物而存在。对这种说法需加以分析，应进一步明确：事物的独立存在，并不是说事物能脱离它的现象而独立存在，它的独立存在是存在于现象之中的独立存在；肯定现象不能独立存在，不等于说它就不能存在，它的存在是与所属事物的其他众多现象一起存在于所属事物之中。这就表明：现象不能独立存在并不影响它的存在，换言之，现象的存在不以独立存在为条件。这种观点是一种重大的观念转变。过去之所以无法把现象纳入物质范畴，主要原因就是现象不能独立存在。现在认定事物与其现象互相存在于对方之中，则消除了这个不让现象进入物质范畴的理由。这就是说，虽然现象不能独立存在，但因现象存在于所属事物之中，所以不能否定现象的存在、不能因为现象不能独立存在，就否定它是物质。

还应进一步明确，如果一定要用谁依赖谁的关系来描述，那么，由于事物与其现象互相存在于对方之中，所以决非单向地谁依赖谁，决不能只肯定现象依赖于所属事物而存在、而事物就不需依赖于其现象而存在；而应确认两者互相依存、互相依赖。试想，倘若事物无其现象，你去哪里找它？我们观察到事物的现象，也就观察到事物本身。反过来，任何现象必有其所属事物，倘若一种现象无其所属事物，便成为虚无飘渺的东西，这是不可思议的。所以说，事物绝不可能无其现象也能存在，现象绝不可能无其所属的事物就能见到。

（二）事物与其现象同一的有限性

上面讲了事物与现象同一的含义及依据，即"是什么"（what）和"为什么"（why），接着应该讲"怎么样"（how），亦即事物与其现象如何同一？若想对此作出解答，有把握的只有一条基本原则：事物与其现象的同一必然有前提条件，因而必然是有限的同一。这个条件即是特定的时空（when + where），只有在特定的时空中，事物才与其现象同一。理由如下：

每一事物的现象在数量上和种类上无穷多，可见事物与其现象是一与多的关系。一个事物是一，它的现象则无穷多。

首先，从事物存在的时空来说，在时间上不会把自己的所有现象一下子全部展现出来，而是逐步展现不同的现象；在空间上它如同一个有着无限多不同面孔的多面神，将从不同角度和侧面或不同方式展现自己的不同面孔。

其次，现象的种类繁多，可分为两大类：一是可归为属性的一类现象，例如时间与空间、运动与静止、过程与状态、内容与形式、一般与个别、共性与个性、本质与表面、结构与功能、质与量、体积与质量、颜色与温度、能量与信息，等等。这些属性只是各种事物的共有现象，而每一事物又有其独特的现象，比如蝴蝶经历虫卵、幼虫、蛹、蛾，便是其发育过程的四种不同形态的现象。二是可归为关系的一类现象。传统唯物论有个物质世界普遍联系的原理，正如恩格斯所说，"当我们深思熟虑地考察自然界或人类历史或我们自己的精神活动的时候，首先呈现在我们眼前的，是一幅由种种联系和相互作用无穷无尽地交织起来的画面"②。这些联系便是属于关系类的现象。关系类的现象也多种多样，有直接关系和间接关系、内部关系和外部关系、本质关系和非本质关系、必然关系和或然关系，以及因果关系和相互作用、对立和同一、矛盾和协调，等等。关系类现象如此丰富多样，每当人类认识一种关系，也就是发现一种客观规律。换言之，人类至今所发现的客观规律，无不属于关系。因此，科学的任务就是揭示对象所涉及的各种关系。

由于上述两个原因，事物与其现象的同一是有条件的，即以其时空存在的不同为转移，因而只能是有限的同一。

事物与其现象如何有限同一？就属性类现象来说，不管事物的何种属性，都存在于该事物之中并与该事物有限同一。就关系类现象来说，则可分为三种不同情况：一是事物内部的不同组成部分之间发生的关系，这种关系存在于该事物之中、跟该事物有限同一。二是同一事物的不同现象之间发生的关系。这个事物的不同现象固然属于现象，而它们之间的关系同样属于现象；于是，同一事物的不同现象之间发生的关系就成为现象之现象。这种现象之现象归根到底是同一事物的现象，归根到底存在于该事物之中、与该事物有限同一。三是多个事物之间发生的关系。在这种情况下，关系便是这多个事物共有的现象，而不只是其中单个事物的现象。因此，这种关系存在于这多个事物组成的整体之中，与这个整体有限同一。也就是说，这种关系不能脱离所属的多个事物中的任何一个事物而独立存在，它不是只与其中一个事物有限同一，而是与所属的多个事物在整体上有限同一。

综上所述，当我们说事物与其现象的同一是直截了当的等同、是同一码事时，就须加上前提条件，必须说明两者的同一是处在何种特定时空中。否则，我们就会无法确切地认清事物与其现象的本来面目。

在这里，我们说每种事物的现象无穷多，这种说法属于哲学思辩和假设，不可能用完全归纳法加以证实。但是，这个假设却被自然科学在不断发展中加以证实。随着科学的不断发展和人类认识能力的不断提高，人类一直在并且将不断地发现和认识新的现象。列宁在《黑格尔〈逻辑学〉一书摘要》中说："认识是思维对客体的永远的、没有止境的接近。"[3]这里强调"接近",说明人类对事物的认识只能由知之不多到知之较多、由知之较浅到知之较深,而不可能达到完全彻底地认识事物。这样说不是赞同不可知论,而是基于主体的认识能力有局限:对象的现象实在太多了,而人却无法长生不老,而且人的本事又有限,所以对认识对象就无法达到一切都知。个人如此,整个人类也是如此。总而言之,对象的可知或不可知,不在于对象方面的原因,而在于认识主体方面的原因。因此不是对象"不可知",而是主体缺乏全知的能力。这个道理与现代西方哲学中的视角主义有相通之处,视角主义认为人们有各不相同的视角,而每个人自身也可转换不同视角,由此导致视角的多面化、意义的多重性、解释的多元性。视角主义这些观点是符合事实的,但又依据视角多元推出世界多元,推出不可能对世界有一致解释、不可能有统一原理,这又陷入相对主义的泥潭了。

讲到这里,我们可下这样的结论:由于在特定时空中事物与其现象有限同一,两者等同、是同一码事,所以,当我们承认事物是物质时,应承认其现象也是物质。这种观点可称之为"事物现象有限同一论"。如果我们确认此结论言之有据,可以自圆其说,现象也就随同事物进入了物质范畴。

(三)若干认识论问题的重新审视

关于事物与其现象如何同一,有把握的只有上述一条基本原则,即是两者只能在特定时空中有限同一。至于事物与其现象如何在特定时空中有限同一的具体情况,笔者就无能力面面俱到、一一解答了。可以说,所有的自然科学,包括物理学、化学、天文学、地质学、生物学、人类学,及其多如牛毛的分支学科,还有数学、逻辑学、信息论、系统论,等等,其中阐明的科学原理和客观规律、定律之类,概莫能外都是对于不同领域中事物与其现象如何有限同一的解答。可见这个课题的内容太丰富、太广泛了,正如一条江河千里迢迢奔流不息,终于来到无边无际、不可穷尽的茫茫大海。笔者才疏学浅、黔驴技穷，缺乏在这大海里遨游的能力。以下就此课题继续发言，无非是运用事物现象有限同一论的原理，试图对若干认识论问题进行重新审视。

哲学史上发生过一系列认识论方面的困惑，现在，我们建立了事物现象有限同一论，就以这种理论作为武器，来个小试牛刀，看看能否令这些困惑迎刃而解。

1. 我们不能吃水果

我们不能吃水果！不能用桌子！也不能躺床上！这种违背常识的奇谈怪论，是哲学史上长期围绕"一般"能否独立存在而在不断争论中提出来的，是自柏拉图时代至今的 2500 年来悬而未决的哲学难题。

"一般"能否独立存在？答案分为肯定和否认两大派。肯定派中的客观唯心论认为，"一般"是指能够独立存在的精神实体。例如，柏拉图和黑格尔说的理念。柏拉图指出，当我们给许多个别的事物起一个共同的名称时，这个名称正是理念的名称，譬如床和桌子这两个名称就是两个理念。各种理念生活在"理念王国"之中，现实中许多个别的床和桌子因"分有"了床和桌子的理念才得以存在。11 世纪欧洲经院哲学的唯实论派也是肯定派，认为一般概念是真实存在的，并且是存在于事物之先或存在于事物之中的某种精神实体。唯实论最早的代表安塞尔谟，极力用柏拉图主义来为宗教作论证。他认为，凡一切事物愈普遍则愈实在、愈完善；上帝的观念最普遍，因而上帝最实在、最完善。

否定派中有 11 世纪欧洲经院哲学中的唯名论派，跟唯实论派针锋相对，认为真实存在的只是单独的个别事物，一般并不是客观存在，它只不过是用来称呼事物的名称，它或者只是空洞的声音，或者只是从个别事物中引申出来的抽象概念。13 世纪英国的科学家和哲学家罗吉尔·培根也持唯名论立场，否认一般的独立存在，认为只有个体才具有真实的实在性。14 世纪英国出了一个最彻底的唯名论者威廉·奥卡姆，他认为，具体事物是唯一客观独立存在的东西、唯一真实的东西。所谓一般、形式，都只存在于人的心中，不过是表示同类事物的一般的、抽象的"名字"而已。这种"名字"当然是有用的、必要的，但并不能因此就把他们看作在个体事物之外或先于个体事物而独立存在的东西。他提出"能以较少者完成的事物若以较多者去作即是徒劳"的原则。根据这一原则，唯实论者所说的"独立存在的一般""实体形式""隐蔽的质"等，都是多余的东西，都应加以抛弃，因此这一原则就成为著名的"奥卡姆剃刀"。以上唯名论的观点，被传统唯物论认为具有唯物主义倾向而受到赞誉。否定派中还有17世纪英国的机械唯物论者洛克。他认为，客观实际中只有个别，没有一般，一般概念或"共相"归根到底是主观自生的东西。他说，"共相不属于事物的实在存在，而只是理解所做的一些发明和产物"。比洛克稍后的主观唯心论代表人物英国贝克莱主教，意见与洛克一致，认为"一般的存在观念乃是最抽象、最不可思议的"。传统唯物论也加入否定派之列，认为客观世界只存在具体的个别事物，不存在独立的一般；认为一般都是纯粹的思想创造物和纯粹的抽象，并不是感性地存在着的东西。因而认为人只能吃樱桃和李子，但不能吃水果，因为樱桃和李子是具体的、真实的，而水果则是纯粹的抽象。

现在我们有了事物现象有限同一论，对上述争论双方的谬误所在就能看得很清楚了。一般与个别的关系涉及：在数量上不止一个的同类事物，跟它们的同类现象之间是如何同一的。根据事物现象有限同一论，我们可以作以下推论：

根据事物现象有限同一论，所谓"一般"应区分为客观的与主观的两种：客观的一般，是数量上不止一个的同类事物都有的、同类的一种或多种现象，此即它们的共性。共性作为同类事物的同类现象，与该类事物和每个事物有限同一，存在于该类事物的每个事物之中；反过来，该类事物之中的每一个事物，与该类事物的共性有限同一，存在于该类事物的共性之中。主观的一般，则是认识主体关于同类事物之共性的抽象概念。认识主体凭借脑子的抽象思维功能，撇开这些事物的其他的、互有差异的现象，只将这些事物的共性抽象出来，从而把这些事物归纳为同类，并给它们起一个共同的名称（概念）。与其他精神形态的东西一样，主观的一般作为抽象概念存在于人脑之中，与人脑有限同一。

从上述可知，以水果为例：第一，尽管水果类事物中的每种具体的水果如樱桃、李子等，还有与其他水果不同的其他特性，但是只要它有水果的共性，那么它就是水果；第二，由于水果是一类事物，所以水果的独立存在，意味着许多个水果的独立存在；第三，在这里必须分清所称水果是指"客观的一般"还是"主观的一般"：作为"客观的一般"的水果，每个水果都存在于水果的共性之中；作为"主观的一般"的水果，则是仅存在于认识主体头脑之中的抽象概念。也就是说，人的头脑里的水果的概念，跟客观世界存在的水果，是两回事，两者虽然互相对应，但却不同一、不等同；不能否认客观存在的水果，而只承认人脑中的水果的观念。反过来，也不能否认人脑中存在的水果概念、只承认客观存在的水果。具体地说，不能认为水果只作为抽象概念存在于我们的头脑中，而要看到水果也存在于客观世界；客观存在的水果不是只有一个，而是一类；具有水果共性的每一个具体的樱桃、李子，等等，都是独立存在的水果。那些说什么只能吃樱桃和李子、不能吃水果的人，按照他的理由他也不能吃樱桃和李子！因为樱桃和李子同样是一般，同样是由许许多多个别的、具体的樱桃和李子抽象出来的概念。如此，就让他们望着各式水果垂涎三尺吧，我们则可尽情地吃！我们不论吃何种水果时，都可理直气壮地说：我的确在吃水果，而不是吃水果的概念。

2. 白马非马

我国战国时期的公孙龙提出"白马非马""离坚白"的怪论，举世震惊。这里先说他的"白马非马"，"离坚白"放在后面"第二性质"再说。他的理由是：其一，"马者，所以命形也；白者，所以命色也；命色者非命形也，故曰：白马非马"。（马这个词用以指称有形的东西，白这个词用以指称颜色，指称颜色的词不能用来指称有形，所以白马不是马。）其二，"求马，黄黑马皆可致；求白马，黄黑马不可致。……可以应有马，而不可以应有白马，是白马之非马审矣"。（欲求得马，黄马、黑马都有可能获得；而只求白马，便把黄马、黑马排除在外。可以肯定求得马，却不可以肯定求得白马。照此，白马不是马的道理不就很清楚吗？！）其三，"马者，无去取于色，故黄黑马皆所以应；白马者，有去取于色，黄黑马皆所以色去，故惟白马独可以应耳。无去者，非有去也。故曰：白马非马"。（马这种东西不取决于颜色，所以黄马、黑马都可找到；而白马取决于颜色，因此排除了黄马、黑马。无须取决于某种因素者，与必须取决于某种因素者，两者不是一回事。所以说，白马不是马。）其四，"马固有色，故有白马。使马无色，有马而已耳，安取白马？故白马者，非马也。白马者，马与白也。故曰：白马非马也"。（马固然有颜色，所以有白马。如果马无颜色，只不过存在马这种东西罢了，为什么非要称白马呢？白马这个词，指的是马与白这两样东西。所以白马不是马。）

根据事物现象有限同一论，我们就可知"白马非马"的谬误在于：第一，白马作为马这类事物之一，它的白色现象与它本身有限同一，而公孙龙却把白与马割裂开来，认为两者不能同一；第二，虽然白马与黄马、黑马等颜色不同，但都有马这类事物的同类现象，都与此种同类现象有限同一，所以白马、黄马、黑马都是马。

3. 自在之物不可知

在如何认识事物与其现象之间关系的问题上，有一种至今影响广泛的认识论观点，即不可知论。这种理论认为，人类永远不能认识自在之物。18 世纪末著名的德国二元论哲学家康德，对自古以来的不可知论作了高度概括和总结。他建立了一种物、象二分对立的思维模式：明确划分物自体（自在之物）与现象，认定现象是由物自体单向派生出来的。进而，在这种模式的基础上，康德认定人只能认识自在之物派生出来的现象，而隐藏在现象后面的自在之物是不可知的。

不可知论之所以影响广泛，是因为它依据一条具有强大说服力的经验主义的理由：我们唯一可以信赖的，只能是自己的感觉和经验；凡是没有被自己真切地感觉到的或者不能通过经验加以实证的东西，其存在与否都是可疑的、无法肯定的。这条理由成为一种信念，用今天的话来说，它主张一切要经过实证，不能实证的东西便是无法认识的，即不可知的。这种信念成为今天的所谓科学精神。应当承认，这种信念是可敬的。中国有句俗语，叫作"眼见为实"。如果人云亦云，把道听途说的东西广为散播，便被人们指责为不严肃、不负责任的行为。可以说，不可知论这种类似"眼见为实"的精神是认真负责的。

从上述经验主义的理由出发，不可知论进一步认为，人只能通过感觉和经验认识事物的现象，而无法认识不能通过感觉和经验证实的事物本身。古希腊皮浪认为，我们根本不知道客观事物究竟存在还是不存在，最好对一切保持不肯定的态度。18世纪英国的休谟认为，我们实际上"一步也不超过自我之外，而且我们除了出现在那个狭窄范围以内的那些知觉之外，也不能想象任何一种的存在"。康德更是确认，我们只能认识自在之物的现象，而不能认识自在之物本身。现代的现象学和实证主义等派别，也都认为人只能认识现象，都只强调经验。传统唯物论则不然，它不但肯定现象的存在，而且断言现象背后的自在之物也必然存在；对此，不可知论认为是蛮不讲理、是独断论，应予"拒斥"。而主观唯心论则借不可知论的这些理由，进一步彻底否定人的感觉和经验之外存在一个真实的客观世界。

不可知论似乎理直气壮，那么，是否真的如其所说：无法确认现象背后隐藏着自在之物、更无法加以认识呢？站在事物现象有限同一论的立场上，会觉得这种观点滑稽可笑。不错，人只能认识事物的现象，然而，认识了事物的现象，难道不就是认识了事物本身吗？上述对事物现象有限同一论所作的阐述，第一次认真地论证了列宁的名言："在现象与自在之物之间绝没有而且不可能有任何原则的差别。"既然事物与其现象没有任何原则差别的，那么，认识了事物的现象，也就认识了事物本身。当然，人只能逐一地、部分地而不可能一下子和全部地认识事物的现象。正由于这个原因，人对于客观世界的认识活动是一个永无休止的过程。尽管如此，这个事物现象有限同一论也证明了：不但事物的现象是可知的，而且事物本身也是可知的，只不过是有限可知的。

事情还有另一个方面，即人类的认识能力问题。尽管人类的认识能力不断提高，但是终究有限。你欲认识某个对象，那个对象并非有意不让你认识。它就摆在那里，问题是你有无足够的认识能力去认识它？你能力不足就只能怪自己，不能"拉屎不出赖地硬"。所以，不是不可知，而是可能自己能力不足而无法知。不可知与无法知是两码事！

4."第二性质"是怎么回事

17世纪英国哲学家洛克提出过被传统唯物论誉为"唯物主义反映论"

的"白板说"。他认为，人的知识不是先天就有的，人的心灵就像一张白纸，各种知识和观念是通过后天的经验进入心灵的。在白板说的基础上，他对经验作进一步分析时，发现物体的性质应该划分为两大类："第一性质"，指物体的广延、形状、运动或静止等；"第二性质"，指色、声、味等。他认为，"第一性质"是客观存在的，人们关于"第一性质"的观念是对于物体性质的真实反映，是真正的"肖像"；"第二性质"就不同了，人们关于"第二性质"的观念是物体"第一性质"所产生的刺激力引起的，它们并不在物体里面，而只存在我们的头脑里面、依存于我们的感官。例如，"我们如果没有适当的器官，来接受火在视觉和触觉上所引起的印象，而且我们如果没有一个心同那些器官相连，从火或日来的印象，接收到光和热的观念，则世界上便不会有光和热……"同理，金的黄色不在金内，太阳的光和热不是由太阳发出的，等等。洛克得出的结论是：人们关于"第二性质"的观念不同于关于"第一性质"的观念，不属于反映客观物体的"肖像"。照此，物体的"第二性质"只不过是人的感觉、经验而已。这种"第二性质"的理论，是从伽利略以来17世纪具有机械论观点的哲学家和科学家如笛卡儿、霍布斯、波义耳等人所共有的，只不过洛克继他们之后从认识论上作了更详细的论述，对后人产生了更大的影响。

比洛克稍晚出现的爱尔兰主教贝克莱，认同并利用了这种"第二性质"理论。众所周知，贝克莱宣扬赤裸裸的主观唯心论，他说的"物是感觉的组合""存在就是被感知""对象和感觉是同一个东西"，跟中国南宋时期陆九渊说的"宇宙便是吾心、吾心便是宇宙"一样成为主观唯心论的名言。他对洛克关于"第二性质"的唯心论倾向加以发挥，由"第二性质"依赖于人的感觉推出"第一性质"也不例外。他说，第一性质和第二性质是"不可分离地连结在一起"，不可能脱离一物的第二性质去设想它的第一性质，例如不可能脱离苹果的色、香、味去设想它的大小、形状等性质。既然洛克承认第二性质存在于人的心灵中，那么与之相联系的第一性质也只能存在于人的心灵之中。他还指出，第一性质与第二性质一样，都会因人而异、因人的感觉而异。例如物体远看时小、近看时大，这个人说小、那个人说大，这就证明物体性质只存在于人的心中。据此，他认为根本就不存在客观的物质,"我们再也没有任何理由来假设物质的存在了"。

贝克莱的上述谬论利用了人们"眼见为实"的思维习惯。人们最信赖自己的感觉经验,这种思维定势成为科学实证的核心,以至科学研究中难以消除唯心论倾向。例如在微观物理学中,由于肉眼看不见微观客体,有的人就宣称"构成微观世界的原子、电子等微观客体不过是无法看到的一种理论实体"。又如,结构主义者认为,对象的结构不过是观念的产物,在理论中才构成结构,自然科学不过是运用结构模型去构造世界。

对此,让我们运用事物现象有限同一论来解答。首先,区分两种"第二性质":一种是客观的"第二性质",即引起我们产生色、声、味、光和热等感觉的客观事物的"刺激力"。这些"刺激力"作用于我们的感官,引起色的感觉、声的感觉、味的感觉、热的感觉,等等。这些形形色色的"刺激力"(或其施予我们感官的作用)都是客观事物的现象,存在于客观事物之中、与客观事物有限同一。洛克正确地指出,人们的感官之所以产生色、声、味等感觉,是由物体微粒子的广延、形状、运动等所产生的"刺激力"引起的。这个"刺激力"是关键概念,它正是客观存在的"第二性质"。我们把形形色色的"刺激力"命名为色、声、味等,这只不过是人为添加的名称。只要约定俗成,我们可随意给它们起这样、那样的名字,而都不妨碍它们的客观存在。当洛克把注意力集中到我们感官之中的色、声、味等感觉的时候,竟然忘记了这些"刺激力"的客观存在,宣称"第二性质"作为色、声、味等只存在于我们的感官之中。

一种是主观的"第二性质",即我们感官中产生的色、声、味、光和热等感觉,它们作为概念、精神形态的东西,属于人脑产生的现象,存在于人脑之中、与人脑有限同一。我们作为认识主体,把一个事物作为认识对象(认识客体)时,所接收或搜集的关于该事物的信息,将转化为我们头脑中关于这个认识对象及其现象的感觉、经验或观念。必须注意的是,我们头脑中的这些感觉、经验或观念,虽然跟这个对象及其现象相对应,但却是两码事、是两种不同的东西。以洛克为代表的人正是把主观的"第二性质"与客观的"第二性质"相混淆了。

当我们弄清了主观的"第二性质"与客观的"第二性质"的区别,

再来分析公孙龙的"离坚白",问题同样迎刃而解。公孙龙犯了类似洛克的错误。他认为,一块"坚白石",其坚硬、白色这两种性质是分离的。因为,"视不得其所坚而得其所白,无坚也;拊不得其所白而得其所坚者,无白也","得其白,得其坚。见与不见,谓之离。"也就是说,"坚"是人用手去摸而后产生的感觉,"白"是人用眼去看而产生的感觉;人的手和眼是分开来的,手的触觉和眼的视觉也是分开来的,如果只用手去摸、不用眼去看,就只有"坚"而无"白";如果只用眼去看、不用手去摸,则只有"白"而无"坚"。所以,坚硬和白色这两者是分开来的。

17世纪的英国哲学家洛克,竟然与2000年前中国的公孙龙"心有灵犀一点通"。他们都把人的感觉同对象的现象相混淆。洛克认为对象的第二性质只存在于我们之中;如果我们没有产生关于第二性质的感觉,则对象的第二性质并不存在。公孙龙认为对象的"坚"与"白"只是人的感觉,亦即洛克所说的"第二性质"。公孙龙进一步根据"坚"与"白"的感觉又是人的不同感官所获得,推出"坚"与"白"是分离的、互不关联的。以上说明,从公孙龙到洛克所处时代的2000多年来,人们一直没有弄清"第二性质"是怎么回事。现在我们有了事物现象有限同一论,这种认识论的困惑也就可以终结了。

至此,我们运用事物现象有限同一论的原理小试牛刀,破解了上述哲学史上一系列的认识论困惑。大家不妨也来试试,用事物现象有限同一论去重新审视世界上的万物万象及其相互关系,将会发现混沌模糊的世界一下子变得清澈明晰了。

注释:

①《列宁选集》第2卷,人民出版社1972年版,第100页。
②《马克思恩格斯选集》第3卷,人民出版社1972年版,第60页。
③列宁:《黑格尔〈逻辑学〉一书摘要》,人民出版社1971年版,第128页。

六、人脑精神有限同一论

完成了前文中第一步,即重新界定物质范畴,又走完了第二步,即建立事物现象有限同一论,现在走第三步,即把精神现象纳入物质范畴,便是顺理成章的事了。根据事物现象有限同一论,精神也是一种物质,即是与人脑这种事物有限同一的现象类物质。这种观点便是人脑精神有限同一论,可简称为"精神唯物论"。

(一)人脑精神有限同一论的表述

人脑是人体的组成部分,属于神经中枢。人体是一种事物,人脑则是包含在人体这种事物之内的一种事物,用物质系统论的术语来说,它是人体这个母系统中的子系统。人脑像其他事物那样具有众多现象,精神仅是其中的一种。除了精神现象,人脑还有各种各样的物理现象、化学现象、一般生命现象等。同时,精神本身又是一个统称,它包括理性与非理性,包括情、知、意,包括人类个体与群体精神的发生、发展过程,包括人类个体心理、社会心理、社会意识,等等。因此,精神这个范畴本身就概括了人脑的多种现象。

根据事物现象有限同一论的原理,精神是跟人脑有限同一的现象类物质,两者互相存在于对方之中。一方面,人脑存在于它的包括精神现象在内的众多现象之中;另一方面,精神现象与人脑的其他众多现象存在于人脑之中。精神如同人脑的其他现象一样,与人脑的同一只能是有限同一。精神与人脑的有限同一意味着:在特定时空中,人脑等同于它的精神,精神等同于人脑,两者互相等同、是一码事;当我们说人的精神如何的时候,等于说人的头脑如何。

有了精神唯物论，我们便可科学地解释精神的能动性。第一，精神既然是一种现象类物质，即人脑的突现性质，那么它并非是唯心论所主张的一种超自然的实体。精神发挥主观能动性，实质上不过是一种物质作用于其他的物质。第二，精神发挥能动性的过程，是精神在人脑内部以及通过人脑与身体之间，进而通过身体与外部之间发生互相作用的过程。这是个可以观察和实验的过程，因而精神现象的能动性可以获得科学的实证。

根据系统论整体突现性质原理，人的精神现象包括意识和观念、思维和想象功能，都是人脑整体的突现性质。因此，在探讨这些精神现象的时候，应探讨人脑的这种整体突现性质的条件和机制，应从人脑这一整体概念出发，探讨人脑整体当时的结构、状态、过程。只有达到或处于突现条件，才会产生一种特殊的机制而突现自我意识或思维和想象功能。倘若人脑整体之中任何部分出现差错，便破坏了这种机制和突现条件，失去自我意识和思维想象功能，发生精神错乱。

（二）精神唯物论的观点早已有之

精神唯物论是一种颠覆性的观点，将促使人类千百年来关于自己精神现象的旧观念发生根本的转变。然而，这并非笔者标新立异，也不是独特创新。笔者绝不敢贪天之功为已有，因为不论古今中外都已经有人提出类似的观点。例如，古印度一个学派把精神同思维的器官混为一谈，用今天的话来说就是把精神同人脑等同起来。中国南朝时期写下著名《神灭论》的范缜，明确主张"神即形也，形即神也"，形神两者"名殊而体一"。用今天的话来说，这是把精神等同于人脑，认为精神与人脑只是同一事物的两个不同的名称而已。生活于17世纪明清之际的颜元，提出了"形性不二"的精神唯物论观点，认为"心也，身也，一也"，据此驳斥道学唯心论"理在事先"的谬论。必须特别提醒的是，伟大的马克思也明确主张精神是一种物质的观点。他说，"观念的东西不外是移入人的头脑并在人的头脑中改造过的物质的东西而已"[①]。

到了近现代，出现了心身等同论和心身同一论。美国的波林认为，意识的实在和生理的实在终究会成为一个单一的等同体，意识的事情和生理的事情是可以等同的。加拿大科学哲学家邦格则创立了精神神经同一论，认为精神是一种突现的脑机能或活动。但是邦格还留有后路，只说是"同一性"而不敢说两者等同，他认为，"精神神经同一论迄今还只是一个有待赋予血肉的骨架"，还有待验证和完善。

  不幸的是，精神唯物论被庸俗唯物论沾了边，受到了莫大牵连。19世纪50年代欧洲的毕希纳、福格特和摩莱肖特等庸俗唯物论者，曾被马克思、恩格斯、列宁严厉批判过。马克思专门写过题为《福格特先生》的批判文章，恩格斯称他们为"把唯物主义庸俗化的小贩们"，列宁称他们"都是一些侏儒和可怜的庸才"。由于庸俗唯物论也曾主张意识是物质，于是主张精神包括在物质之内的观点便被人们错误地当成庸俗唯物论的发明。工人哲学家狄慈根虽然因独立创建辩证唯物论受到高度评价，但由于主张物质概念应包括思想，而被列宁批评为"糊涂思想"。从此，精神唯物论的观点便跟庸俗唯物论一起被搞臭名声了。如今每当提及庸俗唯物论，人们就嗤之以鼻、不屑一顾。可以想象，现在重提精神唯物论，而它又被当作庸俗唯物论的发明，这就难免遭到那些思想僵化者的攻击。鉴于此，这里需要预先为精神唯物论作些辩护。

  我们不应当把精神唯物论跟庸俗唯物论画等号，决不能把精神唯物论的发明权拱手奉送给庸俗唯物论。马克思、恩格斯批判庸俗唯物论，只是因为它庸俗、因为它败坏唯物论的名誉，而不是批判把精神包括在物质范畴之内的观点。庸俗唯物论之所以庸俗，是由于它用"一种肤浅、庸俗的形式"来解释唯物主义。例如福格特说，"思想是脑的分泌物，正如胆汁是肝脏的分泌物或尿是肾脏的分泌物一样"。这样一来，在当时就起到败坏唯物论名誉的恶劣作用，在当时的历史背景下，马克思、恩格斯批判它是必要的。我们不能"因人废言"，不能因为庸俗唯物论曾主张类似精神唯物论的观点，又曾受经典作家批判，就把精神唯物论纳入庸俗唯物论的范畴而被一起扫进"历史垃圾堆"。问题的关键在于，精神唯物论到底是否为真理？如果是真理，哪怕它曾被庸俗唯物论蒙尘过，也不妨碍它为真理。就好像珍珠被混杂于鱼目之中，或鲜花被插到牛粪上，或小孩泡在一盆脏水里，我们有义务把珍珠、鲜花或小孩保留下来，而没有权利把它们连同废物一起丢弃。

（三）脑科学不断为精神唯物论提供实证

脑科学是 20 世纪逐渐建立起来的以人脑为对象的一门现代综合科学，它包括了神经生理学、生理心理学、电神经生理学、神经化学、神经心理学、神经网络学、突触学、神经病学、精神病学等各门学科，这些学科共同形成庞大的脑科学群。由于脑科学具有辉煌的发展前景，未来的重大突破将可能改变整个人类的生活方式，因而引起世界各国的高度重视。各国纷纷建立脑科学研究机构，大力开展脑科学研究。苏联早就建有专门研究列宁大脑的实验室，后来发展为大脑研究所；日本东京大学医学院建立有名人大脑收藏馆。苏联和美国不仅在神经外科中应用脑移植技术，而且进行过骇人听闻的换人头试验。中国也于 1981 年成立了科学院脑研究所。1989 年，一些世界著名科学家发出倡议：从 1990 年 1 月 1 日起的 10 年为"脑研究的十年"，以此激励科学家及引起全社会的重视。美国国会响应最为迅速，1989 年年底召开的第 101 届国会即正式表决通过了这项倡议。随即全世界各科学团体和科学家们纷纷热烈响应，从而使脑科学成为发展最快的学科之一，至今已有 10 余位从事脑科学研究的科学家获得诺贝尔奖。2013 年 4 月，美国白宫又公布了"脑计划"，美国总统奥巴马称这项计划将使科学达到一个自太空竞赛以来从未见过的高度。与此同时，欧盟也开始开展人脑工程。日本也曾制定"脑科学时代"计划，德、英、瑞士等也都相继制定了本国的脑神经科学研究计划。由此可见，当前全世界脑科学研究的形势大好，前途光明。人类精神之谜犹如雄伟的珠穆朗玛峰，让我们满怀信心，期望科学力量的发展使我们早日攀上这座神圣之山的巅峰。

迄今为止，脑科学研究已经取得不少重要成果，科学家正在继续积极努力，力求彻底弄清人脑组织及其活动的具体细节，最终能够读懂自己所拥有的这块最神奇的物质。到目前为止，在研究人脑"怎么样"方面，脑科学已大体弄清了人脑的结构和功能。脑科学界已确认，人脑是在"我们的宇宙"[2]中迄今已知的最复杂的组织结构。一个成人脑的重量虽然仅约 1400 克，却含有上千亿个神经细胞，这个数字相当于整个银河系星星的数目。一个人脑能储存 1000 万亿个信息单位，相当于 5 亿本书籍的容量。一个人的脑子虽然只有体重的 3% 左右，但却需要全身 20% 的氧气、16% 的血液供应。脑细胞本身虽不大，但它伸出的纤细突起却可达 1 米以上；神经细胞与其突起之间以电活动的方式传递信息，而两个神经细胞接触之处却以分泌出特定化学物质（递质）的方式进行交流，现在已发现的神经递质有 100 多种。人脑中一个信息同时在数百万条通道中进行处理；人脑以每秒 100 多米的惊人速度通过神经网络接受或发出信息，指挥和调节全身各个系统、组织、器官的功能活动。大脑皮质由 140 亿～150 亿个细胞组成，并分别组成视觉、听觉、运动、语言等中枢。通过对"裂脑人"的研究，科学家发现了大脑两半球的功能高度分化……

在掌握了一定的人脑"怎么样"的基础上，科学家陆续开发出一批应用技术。他们利用计算机将脑电波转换成生动形象的脑电波图像，或利用核磁共振成像法拍摄大脑工作过程的"电影"，将此广泛地应用于各种用途。有的致力于研究与记忆有关的人脑化学物质，以开发出增强记忆的药物；有的研究与睡眠有关的人脑化学物质，以开发出没有任何副作用的安眠药；有的研究如何在大脑中植入微型芯片，以增加记忆容量；有的甚至用这些技术来研制意念型电脑或神经网络计算机，从而研究如何用意念开门关灯乃至驾驶汽车飞机。脑科学家从 20 世纪 70 年代开始研制"人脑——计算机神经接口"，到 1988 年诞生第一套用大脑生物信号输入字母的系统，近 20 年来已取得积极进展。据报道，俄罗斯科学家已研制出大脑可控的四旋翼飞行器，他们预测，21 世纪 30 年代将发生以新的神经接口和技术为特征的一场神经技术革命。由此看来，脑科学应用技术的发展，在将来完全可能改变整个人类社会生活。

精神现象的奥秘藏在人的脑袋里，而脑科学以人脑为对象，其源源不绝地取得的成果不断地为精神唯物论提供实证。其中的若干重大成果促使全人类发生巨大的观念转变，以下仅举 3 例。

1. 脑科学证明精神寓于人脑而非心脏

古人曾经以为自己的心脏是灵魂的居所，把心脏当作情感和思维的器官，如孟子所说的"心之官则思"。按当时的认识水平来说，这应算合乎情理的推测。人们在思想斗争激烈或情绪激动时,可能脸部涨红、浑身发抖,但这些反应自己往往不能马上觉察;而由此引起的心跳加剧,以致不得不捂住胸口,使人立即感受到精神对心脏的影响。这也难怪人们千百年来一直认为精神活动就是心脏作怪。在这种观念下,中国自古以来创造了不胜枚举的描述心脏活动的汉语词汇,如心领神会、心计周密、心安理得、心平气和、心病难除、心力交瘁、心烦意乱、心灰意懒、心惊胆战、心猿意马、心醉神迷、心旷神怡,等等。在英语中同样有描述心脏(heart)的丰富词汇,如 heartless(无情的)、a broken heart(心碎)、a heavy heart(心情沉重)、a light heart(心情轻松)、sweet heart(情人)、heart to heart(开诚布公),等等。古希腊神话中的爱神厄洛斯(罗马神话中称"丘比特")是展开双翼在天空飞翔的小男孩,他张弓搭箭射中谁的心脏,谁就会产生爱情。这个神话表明,当时人们认为作为人类精神现象的爱情之类的情感产生于心脏。当然,也曾有人认为精神位于身体其他位置,如横膈(phren,也指称心灵或精神)、子宫等,而古希腊医学家希波克拉则正确地指出人脑是思维的器官。但希波克拉这个观点直到现代才获得脑科学实证。

如今众所皆知精神寓于人脑而非心脏。然而,我们并未因此把日常语言的"心"字改称"脑"字。科学是一回事,人们的语言习惯又是一回事。明知过去搞错了,但形成语言习惯就不太好改,不如"将错就错"。例如,把"心花怒放"改成"脑花怒放",把"心心相印"改成"脑脑相印",把"开心"改为"开脑",把"痴心女子负心汉"改为"痴脑女子负脑汉",把作为一门科学的"心理学"改为"脑理学",等等,不改则已,一改就不妙了。当人们仍以语言习惯去理解改变含义之后的"心"与"脑",就会发生极大的误会。所以,还是继续用"心"指称精神以遣词造句,如"心的轨迹""月亮明白我的心",决不会说什么"脑的轨迹""月亮明白我的脑"。

2. 脑科学证明精神病即是脑病

精神疾病古已有之。古时世界各地尽管互相隔绝、风俗各异,人们却有共同的灵魂观念。基于灵魂观念,人们不约而同地把精神病当作鬼魂附体，不约而同地用祷告、念符咒等办法驱除神鬼。中世纪的欧洲把精神病人送进寺院，施以烙铁烧皮肤、长针穿舌头等酷刑，以此惩治和驱逐魔鬼。在中国的落后地区，直到今天仍不时发生为精神病人驱鬼的事件，请神棍巫婆用捆绑吊打、水浸火烧等骇人听闻的"法术"，把病人折磨得奄奄一息，甚至丧命。

确认精神疾病是由于人脑出了毛病，这是一百多年前即19世纪中叶的事。神经科学的迅速发展，越来越有力地证实了人的精神疾病即是脑病。神经科学是脑科学的重要组成部分。按临床医学的分类，精神病学、神经病学是两门各自独立的学科，而这两者都被包括在神经科学之内。其实追究起来，神经病学应包含精神病学。因为神经病学把中枢、周围这两种神经系统疾病都作为研究对象，而精神疾病是因中枢神经系统出毛病所致，所以，本应把精神疾病也列为神经病学的对象。既然如此，为何精神病学独立成为一门临床学科？原来，神经病学在方法论上讲究还原法，特别强调定位诊断，即强调一定要从身体上找到导致疾患的解剖部位。由于周围神经系统的局部病变较易发现，而这种局部病变往往只导致局部功能障碍，故神经病学目前有办法治疗的疾病主要是周围神经系统的局部障碍。至于精神疾病，则是人脑整体功能发生紊乱，而目前科学家还远未弄清人脑的复杂结构及其内部复杂的相互联系和相互作用。在这种情况下，欲弄清究竟人脑哪个部位出了毛病才导致精神失常，还极其困难。由于医生无法从患者的大脑中找到病灶准确的解剖部位，因而在作出诊断时，只能着重依赖对精神失常的症状描述以及据此制定的精神疾病分类标准。于是，作为专门研究这类人脑功能紊乱的精神病学便成为临床医学中一门独立的学科。

然而，随着神经科学的深入发展，已发现某些精神疾病是因头脑中特定神经线路出现异常所致；虽然尚不明了这些神经线路为何会发生错乱，但在病情危重而又别无良策的情况下，用外科手术将其切断便可解除危重症状。例如切断胼胝体可控制癫痫发作，切断位于边缘叶系统的"情绪环路"可使精神分裂症患者恢复正常精神状态，等等。按照这样的发展趋势，有没有可能在将来某一天，所有精神疾病都可从大脑中找到病灶的确切解剖位置，从而可通过外科手术加以根治，使精神病学与神经病学合并为同一门学科呢？现在看来不太可能。须知，神经病学依据的是线性因果规律，即依据必然性的因果关系，认定疾病的发生必定由体内有确切解剖位置的病灶所致，只需用还原法找到病灶的准确部位，便可通过消除病灶而根治疾患。但是，精神疾病是整个人脑内部的相互作用失常，导致人脑机能发生这样或那样的紊乱，其中有的可以查出病灶或确切病因（如脑出血、脑寄生虫、病毒性脑炎、物理化学中毒、脑瘤等），这些病因明确而又导致精神失常的，都可划为神经病学的范畴。但是，大部分精神病的病因极其复杂，并无明显病灶，不适用决定论因果律而适用非决定论因果律，即疾病的发生没有必然性而具有随机性。于是，在当代脑科学融汇众多学科的条件下，科学家着重以系统论和整体观去分析精神疾病的原因，从而建立起"生理心理社会医学模式"（Biopsychosocial Medical Model），取代了西医过去的"头痛医头、脚痛医脚"的"生物医学模式"。这确系人类医学史上的一大进步，也是脑科学的一大进步。

当今，精神疾病成为司空见惯的疾病，它对人类健康的危害日益严重。世界各国严重精神病的患病率普遍超过1%，而症状较轻的精神障碍则普遍超过10%，以致医学家们惊呼：人类已从"传染病时代""躯体病时代"进入了"精神病时代"。世界卫生组织对健康下的新定义是"不仅是没有疾病和虚弱，而且在身体上、心理上和社会适应能力上处于良好状态"。因此，探索精神疾病的原因、寻找治疗良策成为神经科学乃至整个脑科学的重要课题。当代医学模式正由"生物医学模式"转变为"生理心理社会医学模式"。这个新的医学模式实际上是应用了系统论的原理和方法，从物质系统的内部相互作用（内因）及其与外部环境的相互作用（外因）这两个方面，去探索病因和采取对策。以精神疾病来说，其内因在于脑子内部的相互作用和相互联系发生了紊乱，其外因在于人脑与外部社会环境之间间接的相互作用的激烈程度超出患者脑子的承受力。

从人脑内部的相互作用来看，人脑之中有上千亿个神经细胞，脑细胞长达一米的神经突起互相连接、互相缠绕，脑细胞及其神经突起既用神经电生理活动的方式，又用分泌神经递质的方式进行信息交流。其内部组织和相互联系如此高度复杂，又须达到完美的协调才能保持正常的脑功能，从而使人维持正常的精神状态。一旦其中一条线路发生紊乱，都有引起整体紊乱的可能性。精神病学研究表明，若存在个性倾向的缺陷、价值观的偏执、思维模式的僵化，就有较多机会、较大的可能性导致精神失常。这就反过来证明了：内心冲突、思维过程的失常，也就是脑内相互作用和相互联系的失常。

从人脑与外部社会环境之间间接的相互作用来看，既有在精神支配下人以实践作用于外部环境（毛泽东说的"精神变物质"），又有外部环境直接或间接地作用人的精神（毛泽东说的"物质变精神"）。社会环境作用于人的精神，其压力之强大可令人精神崩溃。而精神崩溃，也就是脑功能紊乱，就是精神疾病。现代人类生存斗争的重点，已由"人天斗争"（人与自然界的斗争）转移到"人际斗争"（人与人之间的斗争）；因而，生存压力也就由过去的主要来自自然界，变成现代的主要来自社会环境。这种转变使人类承受比过去农业社会时代更为沉重的精神压力。正是由于这种原因，才造成今天科学技术与生产力越发达、生活越富足，人类反而精神越压抑，出现"精神病时代"的奇特现象。

根据"生理心理社会医学模式"，不止存在导致精神疾病的内因（人脑内部相互作用的紊乱）和外因（患者承受不了外部社会环境的压力），而且存在可以导致心身疾患的心身相互作用。心身相互作用也就是人脑与体内环境的相互作用。古人很早就发现心身之间的相互作用，即身体状态可影响精神状态，精神状态也可影响身体状态。为此，中医的传统是一向重视七情（喜、怒、忧、思、悲、恐、惊）对健康的影响，认为有些病其实是心病，心病还须心药医。如果说，古时人们只是通过经验的积累发现精神对身体健康的影响，那么，现代神经科学则借用种种现代科技手段逐步弄清了这种影响实际上就是人脑对体内环境的影响。人们早就了解到，负性情绪会造成身体不适，例如闷闷不乐时根本就没有胃口，发怒时或稍后会感到腹痛、心跳剧烈、血压飙升，甚至当场中风。为什么会这样呢？科学证明：负性情绪的发生与人脑内部的微妙变化相一致。由于人脑这种微妙变化，在与体内环境的相互作用中导致交感神经和副交感神经功能紊乱、内分泌失调、免疫系统发生障碍，使患病危险性增加。现代医学的研究成果表明，作为现代三大死因的癌症、脑血管疾病、心血管疾病，都与心理因素密切相关。国内外专家的许多调查报告都宣称，大部分癌症病人在发病前精神上均受过严重打击或者有抑郁、悲痛、焦虑等负性情绪。有的调查统计还显示，消化道肿瘤患者几乎都在发病前受过精神创伤。而精神病学则表明，精神疾病患者即使身体并无某种器质性病变，也可能仍然感受到身体发生病变的痛苦感觉，甚至出现病变症状。例如癔症性失明、耳聋、失声或瘫痪，抑郁症患者出现查无实据的背痛、四肢痛等慢性疼痛症状。诸如此类"心病"导致躯体疾病的情形，科学已能做到以实证手段查明人脑如何通过神经系统、内分泌系统作用于躯体，从而证明"心病"归根到底也就是脑病。由上述可见，如果按照"生理－心理－社会医学模式"，从系统、整体的观点出发去探索精神疾病的复杂原因，就足可证明精神疾病归根到底是脑病。

3. 脑科学新近证实了不存在能脱离人脑的灵魂

尽管脑科学不断取得新成就，不断为精神唯物论提供了科学实证，但离揭示精神之谜还差得远。现在脑科学家对于只有302个神经元的小虫的研究程度，也尚未达到了解它的神经体系，对于有上千亿个神经元的人脑的工作机制，就更是一无所知。我们期待脑科学有朝一日实现重大突破，彻底揭示精神之谜，弄清人脑产生意识和观念的机制，弄清人脑进行思维和想象的过程。这将为精神唯物论提供最有力的科学依据，并将使当今全世界的哲学家乃至全人类永远摆脱哲学本体论的梦魇，一劳永逸地解决"物质与精神的关系问题"。

在此，笔者可大言不惭地说，精神唯物论将为脑科学研究提供正确的哲学指导。众所周知，科学研究需要正确的哲学指导，才能不犯迷糊、少走弯路。精神唯物论彻底唯物地解决了"精神是什么"的问题，这就有助于脑科学家以彻底唯物论的观点去正确认识精神的本质和心身关系。否则，由于缺乏正确的哲学指导，科学家研究"精神怎么样"时就会犯模糊，就可能产生带有二元论或唯心论倾向的困惑和模糊认识。澳大利亚神经生理学家艾克尔斯因研究神经突触的成果而获诺贝尔奖，但他在二元论模式束缚下，提出了"坚定的二元论的假设"。他认为，"自我意识精神"与大脑是各自独立而又相互作用的二元，大脑中与"自我意识精神"发生联系的特殊区域不是笛卡儿所说的松果腺，而是一个叫作"联络脑"

的东西，"自我意识精神"就是跟这个"联络脑"发生相互作用。美国心理生物学家斯佩里通过对"裂脑人"的研究证明了大脑两半球在功能上的高度专门化，凭此在1981年荣获诺贝尔奖。但他提出了含混不清的"精神一元论的相互作用论"，认为意识现象不是物质成分的系统，而是一个综合空间—时间—质量—能量的多元综合体。由此可见，虽然脑科学家可因获得重大科研成果而成为诺贝尔奖获得者，但在错误的哲学理论指导下会对精神的本质作出错误的解释。但愿今后科学家能接受精神唯物论，这将有助于他们避免重蹈上述两位诺贝尔奖获得者的覆辙。

注释：
① 《马克思恩格斯选集》第2卷，人民出版社1972年版，第217页。
② 《马克思恩格斯选集》第3卷，人民出版社1972年版，第557页。

七、唯物论必将战胜唯心论

在人类社会文明发展史上，唯物论与唯心论的"两军对垒"至今已超过2000年。由于前述唯物论自身存在缺陷，加上脑科学尚未取得关键突破，以致至今无法战胜唯心论，让唯心论一直占着上风。

思想指导行为。在蒙昧思想的指导下，人类社会内部从未做到和平相处，至今仍然战争不断，仍在自相残杀！的确，现代人类已经超越原始时代人吃人的野蛮，但还延续着互相残杀的野蛮，同时还在执迷不悟地竞相开发威力更大、更加凶残的杀人武器。据报道，瑞典和印度的学者统计了人类到20世纪末为止的有记载的5560年历史，共发生过大大小小的战争14531次战争。而据俄罗斯学者的统计，从公元前3200年以来的战争，使36.4亿人丧生，损失的财富折合成黄金，可以铺一条宽150公里、厚10米、环绕地球一周的金带。也许应把"人杀人"分为"正义"和"非正义"两种：首先发生非正义的人杀人（侵略、谋财害命等），然后人们被迫实行正义的人杀人（反侵略、处决杀人犯等）。那么，起码应把非正义的人杀人确认为野蛮行为。而这种野蛮的人杀人自古以来从未停止过。例如，当代霸权主义国家以维护自由、民主和人权为幌子，想杀谁就杀谁，把别人的人权从肉体上加以消灭。近年崛起的"伊斯兰国"，更是借"圣战"名义，以骇人听闻的残暴手段杀戮他们认定的异教徒。

也是在蒙昧思想的指导下，人类社会未能做到与大自然和谐相处。人类一直眼光短浅、急功近利、利令智昏，以征服自然、掠夺自然为能事，不断破坏生态环境。在掌握现代科学技术的今天，这种行为变本加厉，比农业时代严重千万倍，以致自己居住的地球日益变得不宜居住，糊里糊涂地在自我毁灭的道路上一路狂奔。

人类在整体上既不能在内部和谐相处，又不能与外部环境和谐相处，这不是最大蒙昧吗？从思想认识根源来说，人类的这种蒙昧只能归咎于唯心论，这是唯心论占上风带来的恶果。

可能有人会质疑：难道只有唯心论者干那些自相残杀、破坏环境的恶行？其中难道没有唯物论者的份？没错，唯物论者也会干坏事。但是，两者干坏事有个出发点的根本区别。每个人都有自己的世界观和价值观。唯物论者的世界观没问题，但其价值观可能有问题，可能在错误价值观的支配下犯错或犯罪。而唯心论者则持荒谬的世界观，他们从荒谬世界观出发，必然产生这样那样的荒谬的价值观。因此，荒谬世界观是更为根本的错误之源、恶行之源。由于他们不能正确认识客观世界的真相，也不能正确认识自己的真相，而是对世界、对自己持荒谬的认识；在此基础上，就必然会表现出错误的价值取向，实施荒诞的行为。上述的自相残杀、破坏环境等荒诞行为，只是这种思想蒙昧导致的其中最严重的表现和恶果。又由于唯心论至今占上风，导致人类在整体上仍停留在野蛮蒙昧的历史阶段。

人类怎样才算超越野蛮蒙昧的历史阶段？依笔者之见，只有全人类不再信神信鬼、不再自相残杀，人与人之间、人与大自然之间和谐相处，那时才算得上真正文明的人类社会。这样的社会也就是自古以来劳动人民向往的大同世界。在中国古籍《礼记》中，孔子如此描绘大同世界："大道之行也，天下为公。选贤与能，讲信修睦，故人不独亲其亲、不独子其子，使老有所终、壮有所用、幼有所长、矜寡孤独废疾者皆有所养，男有分、女有归。货恶其弃于地也，不必藏于已；力恶其不出于身也，不必为己。是故谋闭而不兴，盗窃乱贼而不作，故外户而不闭，是谓大同。"清朝末年百日维新运动领袖康有为也在洋洋21万言的《大同书》中，详细构筑了一个没有民族、国家和家庭界限，没有等级、私产、动乱和苦难的大同世界。

这样的大同世界怎样才能实现？为共产主义理想奋斗一辈子的毛泽东在《实践论》中指出："世界到了全人类都自觉地改造自己和改造世界的时候，那就是世界的共产主义时代。"看来，要达到全人类都自觉改造自己，要达到全人类超越野蛮和蒙昧而实现世界大同，首先必须帮助全人类自觉改造自己；而改造自己的首要任务便是彻底否定和抛弃唯心论。这是唯物论义不容辞的历史使命！

为今之计，唯物论应以高度的历史责任感和紧迫感，立即开展自我革新、自我完善，以全新面貌昭示世人，以雄辩的理论体系说服世人，以期人们普遍接受唯物主义世界观和价值观，让唯心论尽早进入历史博物馆，让人类尽早超越蒙昧阶段而真正进入文明阶段。

然而，欲使彻底唯物论的力量强大到摧枯拉朽、令唯心论瞬间灰飞烟灭的程度，还需寄希望和借助于脑科学的关键突破。如前文所述，当前脑科学研究不断取得丰硕成果，但是还不足解开精神之谜，还不足以从根本上证实精神现象的物质性。前面说到脑科学已经证实人的灵魂并不存在，但是罗马教皇保罗二世说的是"上帝直接创造人的精神和灵魂"。这就是说，上帝创造的不止是人的灵魂，还包括人的整个精神现象。而科学至今尚难证实精神的物质性，更未达到破解意识的发生机制、思维的机制，等等。现在科学家对单个神经元有了不少了解，但对于小神经元网络工作机制知之甚少，而在细胞解析层面，对于大脑结构的工作机制知之甚少。因此应当承认，发生于人脑的精神现象对人类自身来说，仍是一个未解之谜。

精神之谜如今已成为全世界科学家关注的热点课题。1998年在新世纪即将来临之际，中国的118位科学家系统提出下个世纪人类面临的100个科学难题。其中，16个题目涉及人脑的功能和精神现象，列举如下：

第49，脑神经系统动力学

第50，生命、人的思维、意识、目的等的物理学基础

第54，脑的计算模型能带我们走多远

第59，脑的选择性自适应

第60，脑与行为的自组织

第61，思维与智能的本质

第62，人脑如何组织其信息存贮

第63，脑与免疫功能

第67，注意的脑机制

第68，智力的起源

第70，人脑是怎样认知外界视觉世界的

第 75，意识和思维动力学

第 78，精神与免疫

第 81，心思的神经生物学机理

第 86，关于"意识"问题

第 100，物质和精神的关系问题

2004 年 12 月，英国的《新科学家》杂志发表《生命之谜》文章，列出生命十大未解之谜。其中 3 题涉及人脑的功能和精神现象：第 4 题，我们为什么睡觉？第 5 题，智能的出现是必然结果吗？第 6 题，什么是意识？

2007 年 8 月，美国的《发现》月刊发表《大脑的未解之谜》文章，列出大脑十大未解之谜，其中包括：什么是情感？什么是智力？什么是意识？

前文第二部分指出唯物论迄今占下风的主观原因，是未把自己的第一原理贯彻到底，因而无法把精神纳入物质范畴；现在又揭示了客观原因，即人类对自己的精神现象还无法作出充分的科学解释。现在，我们满怀信心地期待，脑科学实现解开精神之谜的关键取得突破。一旦实现这个突破，彻底唯物论就将彻底战胜唯心论。这个日子也许不太远了。到那时，人类思维水平将实现历史性的飞跃，将把当前信神者占全人类 85% 的局面，一下子扭转为唯物论者占 85% 以上。只有到这个时候，人类才算基本上摆脱野蛮和蒙昧，起码类似当前席卷全球的恐怖袭击就可以避免。

本书到此为止，初步建立了精神唯物论的理论框架。虽稍嫌粗糙，但已达到克服过去唯物论物质与精神二元对立的弊病、将精神现象纳入物质范畴的目的，可以告一段落、毕其功于一役了。这一成果，并非笔者凭空臆造，并非自天而降，并非无源之水、无本之木，而是遵循马克思、恩格斯、列宁等马克思主义哲学经典作家指明的方向，在他们的真知灼见启发下，深入探讨和研究他们提出的课题而获得的。

接下来，在下篇将运用精神唯物论的原理，考察人的本质、人的理性之本质及来源，以及人生意义。这部分内容更贴近我们自身，将有助于我们认识自己，有助于提高思维水平，有助于构建适合于自己的价值观和人生观。

下篇 我是谁？

纵观2000多年哲学史，哲学的对象包括一系列大大小小的所谓"哲学问题"，其中最重大的有两个：一是"世界是什么"？二是"人是什么"及"人生意义何在"？其他小的问题基本上是由这两个大问题派生出来的，只要真正解决了这两个大的，小的也就好办了。围绕两个大问题所作的解答，便是世界观和价值观（人生观）。所以，若问"哲学是什么"也就是问哲学如何定义。尽管哲学大师早已下过各式各样的定义，而笔者也不揣冒昧提出一家之言：哲学无非是世界观和价值观。

现代西方哲学有一个倾向，即放弃对世界本性的追究，而只保留对人本身的追究。他们认为，自古希腊以来所争论的哲学问题无一得到解决，特别是"世界从何而来""世界的本性为何"的问题永远都不可能解决。他们认为，迄今所有关于世界观的学说都是缺乏可证性、可把握性的思辨的"形而上学"，既模糊混乱又抽象空洞，应加以摒弃、拒斥；而只有自我内心深处的意识，才是可以直接体验、不证自明、绝对可靠的。于是，近代西方哲学中开始"认识论转向"，兴起人学思潮，涌现各种人本主义的哲学流派。被誉为"当代哲学中最德高望重的人物之一"的德国哲学家卡西尔（1874—1945）认为，"认识自我乃是哲学探究的最高目标——这看来是众所公认的"[①]。于是，有的哲学家主张把哲学称为"人学"。

把哲学的对象局限于"认识你自己"，这种做法是否恰当、是否有效，值得怀疑！如上所述，你要做到正确认识自己，就须弄清你的精神现象是怎么回事；而欲弄清精神现象是怎么回事，就必须首先弄清世界怎么回事。这个话也可倒过来说：只有弄清世界是怎么回事，才有可能弄清精神现象是怎么回事；只有弄清精神现象是怎么回事，才有可能达到正确认识人类自身。所以，正确认识世界是正确认识人类自身的前提条件。

所幸的是，上篇的"彻底唯物论"已完成阐述世界观的任务。我们阐明了彻底的唯物论世界观，初步建构了事物现象有限同一论、人脑精神有限同一论。我们已经把精神纳入物质范畴，认定精神无非是存在于人脑之中、跟人脑有限同一的现象类物质，而不是梵蒂冈教皇宣称的上帝赋予人类精神和灵魂。换言之，我们已在彻底的唯物论世界观基础上，揭示了人类精神的本质，亦即解决了精神是什么的问题，这就为"认识你自己"扫清了障碍，打下了基础。

下篇"我是谁?"的任务,即在阐明人之本质、理性之本质和来源以及人生意义之所在。让我们运用彻底唯物论的世界观来审视人类本身,真正达到认识自己,在此基础上树立正确的人生观和价值观。

注释:
① 转引自胡军《哲学是什么》,北京大学出版社 2002 年版,第 35 页。

一、人类是理性动物

"我是谁?"——这是19世纪德国唯意志主义哲学家叔本华(1788—1860)提出的疑问。他在居住德累斯顿期间,经常参观市政府的花房和柑橘园。一次,他低声与灌木丛交谈,并把耳朵贴向落在他肩膀的橘花上。一个花匠担心这位行为如此怪诞的年轻人的心智不大正常,便问他是谁。叔本华表情困惑地抬头盯着他,"如果你能告诉我我是谁,我会十分感激你"。

听了叔本华的回答,那位花匠顿时愕然,目瞪口呆地看着他离去。这也难怪,日常生活中向人提问"你是谁",无非是想知道一下对方的尊姓大名、是何方人士等。如果要问得详细,譬如单位要掌握员工底细,要求填写的履历表就很详尽了。履历表需填写的栏目包括姓名、性别、籍贯、国别、民族、出生年月、政治面貌、婚姻状况、住址、身份证号码、联系电话、学历、简历、家庭成员、社会关系等,都属个人隐私,一般情况下是不会轻易泄露的。

然而,叔本华"我是谁"的疑问意不在个人,而是对整个人类自身的质疑。哲学家的一声大喊"我是谁?"犹如石破天惊,犹如莽莽群山传来远古的回响。2000多年前的古希腊哲学家苏格拉底,就以德尔裴太阳神庙墙上铭刻的箴言"认识你自己"作为自己的哲学格言。"认识你自己"、求解"我是谁",成为困扰人类自身的、迄今悬而未决的最大难题之一。哪怕你是达官贵人颐指气使,哪怕你是英雄豪杰叱咤风云,哪怕你是亿万富翁豪气冲天,哪怕你是满腹经纶恃才自傲,哪怕你是白发苍苍阅尽红尘,都不见得能正确回答这个涉及你自身的问题。

让我们看看这个难题卡壳在哪里。

问:"我是谁?"

答：毋庸置疑，我是人！

问：那么，人是何物？

这时问题就来了。人们的回答五花八门，略数有如下几种：

（1）古希腊哲学家亚里士多德的定义——"人是有逻各斯（意为理性、思维）的动物"。

（2）人是双足直立行走的动物。

（3）人是具有情感的动物。

（4）人是相互结成复杂社会关系的社会动物。

（5）人是能制造工具，并运用工具进行劳动以实现目的的动物。

以上定义你赞同哪一种？除了这几种，你能否提出更好的定义？请你来个"夜静思"，好好思考吧。这里先讲笔者的意见：笔者倾向于第 1 种定义即亚里士多德的定义，认为其他几种都不够准确。理由何在？第 2 种定义说人能双足直立行走，这只是形体和行动的特征，是表面的、非本质的。况且鸡鸭鹅及驼鸟等禽类动物也能双足行走，如果说它们的身子不够直，那企鹅够直了吧？按这个定义人跟它们就分不清了。第 3 种定义说人具有情感，但许多动物也具有表达喜怒哀乐的情感萌芽，尤其是猴子和猩猩，据此区分人与其他动物还不足为据。第 4 种定义说人是社会动物，但蚂蚁、蜜蜂等动物也可称为社会动物，它们也是依赖群体并互相联系才能生存，虽然它们的社会关系比人类社会关系简单得多。第 5 种定义说人能制造和运用工具劳动，但是，现在也有研究发现某些猩猩也会制造简单工具用以获取食物。所以，这几种定义都不够准确。而亚里士多德的定义揭示了人类比其他动物的高明之处，只在于有理性。就说制造和运用工具劳动吧，也是在理性指导下进行的，试问人若无理性能制造和运用工具劳动吗？综上所述，归根到底由于有理性，才使人类超越了动物界，这是人与一般动物之间质的区别。总而言之，在地球上的生物中，唯独人类有理性，还没发现其他生物有理性。有理性，这就是人类的本质属性！

如果大家公认亚里士多德的定义比较合理和准确，那么这个定义是否圆满解答了"我是谁"的疑问呢？还没有！说"人是地球上的一种动物"，这没错；但是你说"人之独特在于有理性"，还需正确回答"理性"究竟是什么东西？众所周知，理性属于精神现象，而精神又是什么东西？

上篇第七部分的"唯物论必将战胜唯心论"中已经谈到，目前脑科学暂时无法为我们揭开精神之谜，而传统唯物论无法把精神纳入物质范畴，因而精神之谜并未解决。因此，"我是谁"还是一个难解之谜！既然如此，则可以断言：目前人类从整体来说仍未真正认识自己。连自己是什么都搞不清楚，我们怎么还好意思自诩"万物之灵"？

精神唯物论打开了人类正确认识自己的大门。在明确人类是理性动物之后，精神唯物论还进一步揭示了理性的本质，即理性作为精神现象，是存在于人脑之中、与人脑有限同一的现象类物质。由此观点出发，在"认识你自己"过程中所遇到的一切疑难，都将迎刃而解！

二、理性从何而来

人既是理性动物，那么，人之理性的本质又是什么？人之理性从何而来？其种类和功能如何？研究这些问题的学说和理论，就叫哲学认识论。而在哲学史上，认识论一直是哲学的一个重要组成部分。

纵观人类思维发展史，可以发现一种很有意思的情形：当人类面对一个对象，一下子弄不清它是什么，就会先花时间去观察和研究它会怎么样，并挖空心思寻找对付方法。换言之，就是不管"是什么"，先解决"怎么样"。这种做法往往是因问题突现，火烧眉毛，急需加以应付，于是干了再说，在今天叫作"先放枪，后瞄准"。这种做法有时很荒谬。例如古代对待疫病流行，搞不清病因，就按神棍巫婆说的：赶快宰牛杀羊虔诚祭祀，求神宽恕我们吧。结果很可能导致部落灭绝。但是，先放枪后瞄准也可能很管用，有可能歪打正着，取得良好收效。例如，自然科学有时并未真正弄清对象"是什么"，却对"怎么样"研究出门路来。作为现代科学重大成果之一的信息论，就未真正搞清信息是什么，而信息论的原理却在现代通讯和计算机技术中淋漓尽致地发挥巨大作用。哲学认识论也存在这种情形，虽然自古以来哲学家并未真正弄清人之本质、精神之本质，但在哲学认识论方面却研究得相当深入且富有成果。逻辑学即是作为思维工具，至今仍在使用的认识论成果之一。

现存各式各样的哲学认识论，笔者只了解其皮毛，因精力所限无法作更深入的学习和钻研，在此只从精神唯物论的立场出发，吸收和采纳别人的长处和合理成分，尝试初步建构精神唯物论的认识论框架。

（一）精神包括理性与非理性

在认识论中，认识这个词是什么意思？传统唯物论有时把认识与理性在同等意义上使用；有时又以理性特指逻辑学的概念、判断、推理等而区别于认识。为了简洁明了和避免歧义，精神唯物论的认识论采取这样的做法：除非把认识作为动词，如果作为名词，它就等同于理性，此时认识即理性，理性即认识。

毫无疑问，人的认识（或称为理性）属于精神现象，这是各派哲学认识论的一个罕见的共识。那么，人除了有理性之外，还有别的什么精神现象？那就是非理性。按心理学理论，人类精神还可依不同根据进行不同的分类：从结构上区分为情（情感或情绪）、知（认知）、意（意志）三类；按年龄分为儿童心理、成年心理、老年心理；按性别分为男性心理、女性心理，按主体数量分为个体心理、社会心理；等等。但哲学认识论对人类精神现象的分类，就只需分为理性和非理性两大类。

何为理性？何为非理性？现根据精神唯物论的原理加以界定：

所谓理性，是经人脑思维而产生的、观念形态的、存在于人脑之中而与人脑有限同一的现象类物质。马克思说："观念的东西不外是移入人的头脑并在人的头脑中改造过的物质的东西而已。"这句话表明，人脑中必须发生某种"改造"的过程，才能产生观念这种物质的东西，这个"改造"过程就是思维，观念则是经思维而产生的产品。这种人脑中发生的思维过程，以及经过思维而产生的观念产品，都作为人脑的现象而存在于人脑之中、与人脑有限同一。

所谓非理性，是除理性之外的人类的其他精神现象，包括感觉、知觉、直觉、情感或情绪、意志、梦境、潜意识，等等，与理性同样是存在于人脑之中而与人脑有限同一的现象类物质。

理性与非理性的区别：从意识条件来看，理性必须在清醒意识下才能产生和活动，非理性的产生和活动则不一定需要清醒的意识；从其影响主体的行为来看，理性指导、调节和控制主体的自觉行为，而非理性则导致主体的不自觉行为。

理性与非理性两者又非截然分离，而是相互联系、相互转化、密不可分的。例如，理性的活动必定伴随着非理性，非理性活动也掺杂着理性；理性以非理性为原料来源之一，而非理性也可以理性为原料。当理性以非理性为对象时，产生关于非理性的理性；当非理性以理性为原料时，则出现以理性为内容的非理性。由此可见，非理性对于理性的形成、发展和效用都具有重大影响，所以在研究理性时不能忽略非理性的因素。

（二）精神是一种信息

美国未来学家托夫勒认为，当今人类社会正面临技术革命的第三次浪潮即信息革命，正从工业社会步入信息社会。信息无处不在，正对社会生活每个领域发生日益深刻的影响。信息论、控制论和计算机技术引入脑科学中，推动了对人脑思维活动的研究和人工智能的开发。信息概念的提出是 20 世纪科学技术的一大成就，信息概念理所当然应该上升为重要的哲学范畴。可以断言，它对唯物主义认识论乃至整个唯物主义哲学的改造和发展都将发挥重要作用。

然而，不论科学界或哲学界对于信息的本质是什么，却众说纷纭、莫衷一是。一种目前被广泛接受的说法，是把信息看作与物质、能量并列的相对独立的特殊存在。例如控制论创始人维纳说，"信息就是信息，不是物质，也不是能量"。习惯于心物二元对立思维模式的人则分成三派：一派是唯心论者，认为信息是精神实体；另一派是传统唯物论者，认为信息是一种物质属性，但是跟其他物质属性一样不能纳入物质范畴；还有一派则是中间派，认为有的信息是物质的，有的是观念的。可见，信息概念的提出虽然促成科学技术的革命性变革，并对社会生活发生深刻影响，但是与此同时也带来对于信息之本质的重大困惑。

现在，让我们站在彻底唯物论的立场，来理解信息的本质是什么。根据"世界上唯有物质"的唯物论第一原理以及事物现象有限同一论，不存在与物质并列的非物质的东西；信息不外乎一种现象类物质，它跟时间、空间、能量、运动、过程、状态、属性等一样，都是无数事物共有的一种现象，是跟无数事物有限同一的现象类物质。从这个根本观点出发，

就可重新解释信息的一系列特征:

第一,信息是此物施予彼物,而又带有此物特征的作用。这种施予彼物的作用,可致彼物发生不同形式、不同程度的变化。这种变化带有作为信息源的此物(施加作用者)的特征,故可视为此物在彼物留下的印记或痕迹。

第二,这种此物施予彼物的作用,对于人类来说,可以是未知的,也可以是已知的。这样的理解把事物现象有限同一论的信息概念跟信息论的信息概念区别开来。信息论的信息,是能够消除不确定性的东西,是能够带来新内容、新知识的消息、数据、资料等。《辞海》也把信息定义为:对消息接收者来说预先不知道的报道。这样一来,由于信息以人们已知与否为确认标准,它就变成依赖人而存在的事物。这种定义在科技应用中有它的理由和用处,不必加以否定或推翻。但当信息概念上升为哲学范畴时,根据事物现象有限同一的观点,信息就是与所属事物有限同一的一种现象,不依赖人而存在,不管人对它已知还是未知。

第三,在特定意义上说,信息可借载体作超越时空的传递。严格地说,信息作为与所属事物有限同一的现象,跟所属事物互相存在于对方之中,不能脱离所属事物而存在,并随所属事物的生灭转化而发生变化。信息是在两个以上事物相互作用、相互联系时,或在事物内部相互作用、相互联系时发生的。甲作用于乙,若甲消灭,它施予乙的作用随之中断,亦即随甲消灭而消灭;但原先施予乙的作用却在乙身上留下痕迹,这个痕迹从严格意义上说,是与乙有限同一的现象,而不是与甲有限同一的现象。但由于甲作用于乙时留下的痕迹带有甲的特征,于是把这个痕迹视为负载于乙之中的甲的信息。于是,尽管甲消灭了,而其负载于乙之中的信息,却依赖于乙的继续存在而存在。古人的思想似乎能够穿越时空永恒流传下去,其实就是这个道理。

运用事物现象有限同一论对信息概念加以重新界定之后,它就成为一个重要的哲学范畴。我们过去用功能、状态、过程等描述精神现象,现在还可用信息来描述,而且用信息来描述更具优越性。信息具有看不见摸不着、变动不居和自由流动等特性,与精神的特性正好相符。运用信息范畴去探讨和解释精神现象在人脑中如何发生、储存、传递等,将令认识论的面貌焕然一新。

（三）互相作用论的认识模式

根据物质系统论的原理，一切事物都在相互作用（包括事物内部的相互作用、事物与其环境之间的相互作用）中发生和发展，这些相互作用是事物发生和发展的原因，一切事物的发生和发展都遵循相互作用论的模式。

将事物发生发展的相互作用论模式应用到认识论中，便可建立相互作用论的认识模式。首次开创性地把相互作用论模式应用于认识论的，是著名的瑞士儿童心理学家皮亚杰。他通过对儿童智慧心理的发生和发展过程的研究，于20世纪60年代创立了"认识发生论"。他创立了一整套理论，用以描述儿童的智慧心理如何在相互作用之中发生和发展。这套理论很有启发性，但尚有其局限性和不足之处。

现在我们借鉴皮亚杰开创的思路，并仿照英国哲学家波普把世界划分为三个不同性质而又相互作用的"三个世界"（世界一是物理世界，包括实体、过程、力、力场；世界二是精神状态世界，包括意识状态、心理素质和非意识状态等；世界三是思想内容世界，即人类精神产物的世界）的做法，建构一种"五个世界"（人脑、内环境、自然环境、人工环境、人际环境）互相作用的认识模式。

这"五个世界"的划分方法是——

先从主观世界划分出两个世界：

（1）头脑。

（2）躯体。

这两者同是主体的组成部分。躯体对于人脑来说，是其直接的内环境。

再从客观世界划分出三个世界，它们对于人脑来说是间接的外环境。这三个世界分别是：

（3）自然环境。主体之外尚未被人们明显改变的自然界。

（4）人工环境。主体之外被人类明显改变或改造的自然界以及各种各样的人造物组成的环境，亦即马克思在《1844年经济学哲学手稿》中所说的"人化自然"。

(5) 人际环境（社会环境）。主体之外社会人群组成的环境。

人脑作为理性的派生者，就是通过五种互相作用（人脑与其他四个世界的互相作用及人脑内部的互相作用）而派生其理性。所谓相互作用，即是作用的交换。而施加于对方的作用，是带有施加者特征的信息。因此，在认识过程中发生的相互作用，也就是信息的交换。人脑就是在与内、外环境的互相作用和信息交换中获取派生理性的信息原料。具体说来，这五种相互作用和信息交换是：

1）人天交换。人脑与自然环境之间间接的相互作用和信息交换。

2）人工交换。人脑与人工环境之间间接的相互作用和信息交换。

3）人际交换。人脑与人际环境之间间接的相互作用和信息交换。

4）体内交换。人脑与内环境之间直接的相互作用和信息交换，包括以神经系统与内分泌为载体的信息交换。

5）脑内交换。人脑内部的相互作用和信息交换。

由于存在以上五种相互作用和信息交换，所以提供人脑派生理性的信息原料来自这五个方面。在考察人脑如何派生理性的时候，对其中任何一个方面都不可忽略。据此我们就建立了一个相互作用的认识模式，以下是这个模式的示意图。

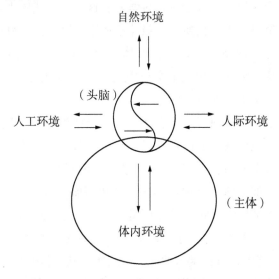

图　五种相互作用的认识模式

（四）人脑在互相作用中获取信息原料

人脑派生理性所需信息材料，是从前述五种相互作用和信息交换中获取的：

（1）通过人天交换，人脑从自然环境获取自然信息。

（2）通过人工交换，人脑从人工环境获取人工信息。

（3）通过人际交换，人脑从人际环境获取人际信息。

（4）通过体内交换，人脑从体内环境获取体内信息。

（5）通过脑内交换，人脑获取脑内信息。

以上五种信息，都是理性的来源。常言道，"巧妇难为无米之炊。"没有米，就无法做出香喷喷的大米饭。同理，再聪明的脑袋，若与世隔绝、得不到一丁点信息原料，也就无法派生理性产品。上述五种相互作用和交换，源源不断地为人脑提供信息，于是各种理性产品得以不断地发生和发展。

传统唯物论所主张的认识来源局限于主体的实践，亦即局限于主体与外部世界的相互作用。譬如，认为人的正确思想只能从社会实践中来，只能从社会的生产斗争、阶级斗争和科学实验这三项实践中来。这三项实践之中，生产斗争属于人天交换，阶级斗争属于人际交换，科学实验属于人工交换。至于另外两项认识来源，即体内交换和脑内交换，则完全被忽略。还有人脑从人际交换和人工交换中获取的社会文化信息，也被忽略，而这正是人脑派生理性的重要原料之一。

传统认识论强调认识来源于生产斗争、阶级斗争和科学实验这三项实践，而这三项实践中获得的信息都只是来自外部世界的信息。这可能受当时的科学发展水平所限。在 20 世纪早期，人们只是比较了解人脑如何接收外环境信息，如今通过心理学的研究成果得知，人主要是通过眼、耳、鼻、舌、身这五类感觉器官接受外环境信息，这些外环境信息在人脑之中分别转换为视觉、听觉、嗅觉、味觉、皮肤感觉（包括触觉、温度觉、痛觉、痒觉）。其中，对正常人来说，又主要是通过眼睛接收外界信息，此项所占比重达 80%。但对盲人来说，主要通过听觉和触觉来接收外环境信息。而像双盲（失聪、失明）的美国作家海伦那样，则完全依靠触觉来了解外部世界。

然而，即使认识的来源全部来自外部世界，也不一定非要通过实践获取。我们知道，实践是主体有意识、有目的、主动的行为，主体可以通过这种行为去搜集客观对象的信息，也可通过这种行为作用于对象、然后取得对象反馈的信息。然而，主体还在无意中被动，甚至被迫地接收大量环境信息。树欲静而风不止，一个人就算完全不去实践，周围环境也会作用于他。在人天交换、人工交换、人际交换中，各种外环境会自动地、不停地作用于主体，向主体灌输外环境信息。在很多情况下，外环境不管你是否欢迎，就强行施加作用。例如，你与恋人在郊外被一场突然倾泻的暴雨淋成落汤鸡；当你沉浸在甜蜜梦乡中却被汽车、火车、飞机的轰鸣声吵醒；在日常生活中有人在背后对你评头品足、讲你坏话；或者碰上霉运被歹徒抢劫、殴打，甚至惨遭性侵犯……所有这些，都是主体被动或被迫接受了外环境施加的作用，这些能说是主体的实践吗？人们避之唯恐不及，有谁愿意进行这类实践？所以，主体获得对象信息和产生感觉的途径，既有通过实践主动获取，也有被动或被迫的接受。不论何种情形，这些对象信息传递至大脑中便产生了感觉，这些感觉都成为人脑派生理性的信息原料。

现在再来看看被传统认识论所忽略的其他几种重要的认识来源：这里面既有来自体内交换和脑内交换的信息，也有来自人际交换和人工交换的社会文化信息。

1. 来自体内交换和脑内交换的信息

科学的飞速发展，使人们对人脑与体内环境相互作用的情况有了日益深入的了解。起初，人们只知道在体内交换中，人脑通过神经系统控制和调节内环境及躯体动作，同时通过神经系统接收内环境各部分传来的信息；亦即在人脑与内环境之间，是以神经系统为载体进行相互作用和信息交换的。现在人们还知道除了神经系统的渠道，人脑还以各种复杂的内分泌为载体与内环境进行相互作用和信息交换。人脑通过分泌各种复杂的脑激素来控制和调节体内的生命活动，而内环境的各种内分泌则给人脑带来内环境的各种信息。法国的吉耶曼和波兰的沙利分别研究了羊和猪的下丘脑激素，证实下丘脑会分泌促甲状腺激素释放激素（TRH），并释放至门血管之中，从而控制脑垂体分泌出一系列控制生命活动的激素。这个成果使他们荣获1977年诺贝尔生理学和医学奖。最近，美国西南得克萨斯大学医学中心在研究中发现，当人脑接收到诸如血液中葡萄糖的含量下降等饥饿信号时，便会从下丘脑外侧神经细胞分泌出食欲激素，从而增强食欲，此成果对于治疗食欲亢进引发的肥胖及因病厌食具有应用价值。人脑这种运用激素调节生命活动的现象，使我们有理由推断：人脑与内环境之间相互作用和信息交换的渠道是双管齐下的——神经系统加上血液循环系统。人脑正是通过与内环境之间这两种相互作用而获得体内信息。马克思说："观念的东西不外是移入人的头脑并在人的头脑中改造过的物质的东西而已。"那么请问：那些"物质的东西"是从何处移入人脑的呢？只从外部世界移入吗？不对！正确的答案应该是：既从外环境移入，又从内环境移入。

人脑从体内交换获得的体内信息，在人脑中成为理性的原料。这些原料均属非理性，其中有各种感觉，有各种"欲"（食欲、性欲、刺激欲等各种肉欲、物欲）；还有几乎同时发生的各种情感和情绪。例如，体内疼痛的信息使入人脑之后会产生疼痛感觉，同时人脑内部还会发生不同程度的痛苦情感。又如，在空腹情况下因胃酸的刺激，使人脑而产生了饥饿感觉，与此同时也发生不同程度的渴望情绪。

至于来源于脑内交换的脑内信息，在清醒状态下会随时随地发生。人脑之中现存的，既有理性又有非理性。这些理性与非理性储存于记忆器之中，成为人脑在派生理性时可随时提取应用的原料。人脑的思维或想象过程，是最重要的脑内交换；通过思维和想象又产生新的理性、非理性。人脑在睡眠中的梦境，则是一种特殊的脑内交换。在梦境中，脑内储存的各种理性和非理性竟然自由地、胡乱地相互联系，于是发生各种离奇古怪的梦境。既有欢快美梦，又有惊悸噩梦。这到底是人脑放松休息的一种方式，还是意识暂停导致的部分失控？自古以来谁也说不清楚。但有迷信解梦者，把梦境当作一种启示或预兆，并据之行事。存在解梦之需求，就存在"解梦大师"。这类大师帮人解梦而大发其财，实乃无本生利之窍门和招数！由此可见，做梦这种特殊的脑内交换，切实地导致部分人群的另类理性和行为。

2. 来源于人际交换和人工交换的社会文化信息

人脑从人际环境、人工环境获取的信息原料，最大量的是社会文化信息。人工环境的内容极其丰富，包括当代社会文明、前人的文化遗产以及充斥生活空间的人造物。

人类社会文化是人类世世代代积累并遗传下来的知识和观念，是前人通过思维加工而创造的现成的理性产品。在漫长的人类进化史上，祖先在人天交换、人际交换过程中，首先是集体创造了借以传递知识、交流思想感情的语言工具。有了语言工具，才创造和发展了千奇百怪的部落习俗和鬼神观念，积累了日益丰富的生产知识，创造和发展了日臻完善的生产工具以及日益丰富的劳动产品。所有这些人类创造物不断积累和发展，形成了不断发展的社会文化（或称社会文明）。

当一个婴儿来到世间，便立即陷入并从此终生都沉浸在环境信息的汪洋大海之中。自然环境、人工环境、人际环境这三种环境，都不断地向认识主体提供和灌输信息，这些都是认识的来源，但是只有人工环境和人际环境才充盈地负载着前人创造的文化信息。人类文化信息就像乳汁一般，时刻不停地对新生儿进行哺育、灌输，使之无须重复人类发展思维能力的漫长历程，使之少走弯路、少耗时间和精力，并且青出于蓝而胜于蓝，成长为比祖先思维更加发达、知识更加丰富的人类个体。当然，在前人遗留下来的文化信息之中，既有精华也有糟粕。有的人通过批判继承精华、扬弃糟粕，不断创造新的精华；有的人则批判继承糟粕、鄙夷精华，还不断创造新的糟粕。在人类世代繁衍的过程中，任何个人在一生中创造的任何一种理性产品，无论是精华或是糟粕，无一称得上是纯粹的个人创造，都必须以已有的文化信息为基础材料。由此看来，人际环境和人工环境包含的文化信息，确是最重要的认识来源。

社会文化信息首先来自人际交换。人类个体的成长离不开人际环境。人与人之间组成了人际关系或人际环境，兽与兽之间组成了兽际关系或兽际环境。人类婴儿须处于人际环境方可成长为人；假如婴儿出生后陷于兽际环境,那么,他的身体有可能继续发育成长,但却不能成长为人而只能成长为兽。我们经常看到有关野孩的报道,称人类的婴儿被遗弃或被野兽掳去,被野兽抚养成"狼孩""猴孩""猩孩"等。这些不幸的孩子在大脑发育的关键阶段丧失了人际环境,当他们被拯救回归人类社会后,无论给予怎样的治疗和训练,都无法成长为正常人。如"猪孩"王显凤已算较轻程度的情形。1983年我国辽宁发现11岁的猪孩王显凤,她父亲是聋哑人并在她出生时已离家出走,母亲患脑炎后遗症而生活不能自理,从此她缺乏人类关爱,只好与猪为伍。她生活在猪际环境之中,像小猪那样往母猪怀里一拱一拱地吮吸奶汁,像猪那样四脚奔跑、在墙根蹭痒,发出像猪的吱吱叫声。当中国医科大的专家把她拯救出来加以多年的教育、训练后,她的智商由原来只相当于3岁半小孩发展到相当于小学三年级的水平,即使结了婚学会料理家务,但却永远达不到同龄正常人的智力水平了。这种现象表明,人类个体必须生活在人际环境之中(至少成年之前应如此),以便吸收人际环境之中的人类文化信息,使其思维得到正常发展。

其次,社会文化信息来自人工交换。人类个体的成长同样离不开人工环境。人工环境即是马克思所说的"人化自然"。人类发展史是改造自然环境、创造人工环境的发展史。随着历史演进,人类创造了越来越多、越来越高级的人造物,从而为自己创造了越来越复杂的人工环境,并在与这些人工环境的相互作用中继续提高了自己的智力和思维水平。马克思、恩格斯在《德意志意识形态》中说过,"人创造环境,同样环境也创造人"[①]。恩格斯又在《自然辩证法》中说过,"人的思维的最本质和最切近的基础,正是人所引起的自然界的变化,而不单独是自然界本身;人的智力是按照人如何学会改变自然界而发展的"[②]。用相互作用论的认识模式的术语来说:人在人天交换中创造了人工环境,人工环境反过来作用于人自身,促进自身思维的发展。人工环境的不断累积、叠加和创新,成为促进人类思维不断发展的基础。马克思说,"手推磨产生的是封建主为首的社会,蒸汽磨产生的是工业资本家为首的社会"[③]。这里所说的手推磨、蒸汽磨就是人工环境,这些人工环境反作用于人类自身,起到促进人类观念转变、推动社会变革演进的巨大作用。蒸汽磨从欧洲传入亚洲,推动了亚洲的社会变革演进。倘若当初亚洲与欧洲隔绝,无从引进和习得蒸汽磨技术,而只依靠自己的聪明才智把手推磨发展为蒸汽磨,那么,虽然最终也会由封建社会演变为商品社会,但所走路程必然漫长得多。

波普的三个世界理论中的"世界三"(精神产品),指的就是人类历史发展中积累的社会文化。波普强调"世界三"对推动社会发展的作用。波普提出,如果我们的机器、工具、设备等都被破坏,但图书馆仍保存,那么人类经过一番努力,就有可能重建我们的社会。如果图书馆全被破坏,那么,要重建文明恐怕需要更长的时间。如果不但图书馆全被破坏而且人们所学到知识也忘记了(丧失记忆),那么,我们恐怕就要回到野蛮社会去了。如果图书馆和机器都保存,但现代的文明人都死光(或丧失记忆),而来了一批野蛮人,那么,这些野蛮人很可能把图书馆和机器都弃置不用,或者把它们全都毁坏,文明社会就会变成野蛮社会。如果鲁宾逊不是在成年期而是在婴儿期流落荒岛,那么他不论多么聪明,也只能是一个没有文化甚至没有语言的野蛮人。④波普把"世界三"(思想内容)与它的载体"世界一"当作两种不同的实在,这种观点却是荒谬的。根据精神唯物论的原理,"世界一"(人工环境)中包含的"世界三"(文化信息),是人类在"世界一"(人工环境)留下的痕迹(图书文字则是经过编码的痕迹),是跟"世界一"(人工环境)有限同一的现象,是不能脱离"世界一"(人工环境)而独立存在的。"世界一"所负载的"世界三"必须为主体所理解,转化为主体头脑中的理性原料,才能成为与主体头脑有限同一的知识或观念。

综上所述,我们明白了学习的重要性。任何人都必须学习前人留下的文化遗产和当代社会文明的成果,最好"活到老、学到老"。如果认识论不讲学习,将是一个严重的遗漏。总之,我们应该学习、实践、思考三者并重,缺一不可。

马克思说,"观念的东西不外是移入人的头脑并在人的头脑中改造过的物质的东西而已",上述的相互作用论的认识模式,既回答了"人脑制造观念(理性)需要些什么样的原材料",也回答了"这些原材料从何处移入人脑"。

（五）人脑的思维功能

通过人天交换、人工交换、人际交换、体内交换、脑内交换这五种相互作用，人脑获得了派生理性的信息原料。有了这些丰富的信息原料，人脑便借其思维功能以派生理性。

古希腊哲学家亚里士多德所下人的定义是："人是有逻各斯（意为理性、思维）的动物。"有理性、能思维，这正是人类超越动物界的最本质的特征。笛卡尔的第一原理是："我思故我在。"对此，笔者的理解是：第一，我必须能思维，我才知道自己确实活着，否则无法知道自己在不在。第二，我必须能思维，才能作为正常的人而存在。倘若"我不思"（因故不能思、丧失思维能力），即使我的躯体还活着，在别人眼中我只不过是一具活尸，此时我作为一个正常人已消灭了。这样说来，若把笛卡尔的第一原理反向推理，便可推出"我不思故我不在"。假设我病重导致脑死亡，或者成为植物人，或者患了失忆症，或者疯了，此时由于不能思维、丧失自我意识，虽然广义上还算是人，但已不是正常人。至于其他动物，即使是成熟的、正常的、活着的，也因为不能思维而不能成为人。

思维对于人类非常重要。你可把它解释为：它是人脑的一种属性，是人脑的一种功能，是人脑中发生的神经过程，是人脑内部的一种相互作用，等等。这些解释都对！根据精神唯物论的原理，不论你作出何种解释，思维反正就是人脑的一种现象，即存在于人脑之中、与人脑有限同一的一种现象类物质。马克思所说的"观念的东西不外是移入人的头脑并在人的头脑中改造过的物质的东西而已"中的"改造"，指的正是思维过程。根据精神唯物论的原理，不论人脑之中的信息原料、思维过程、理性产品，等等，都是与人脑有限同一的现象类物质。

人脑思维功能具有两个基本特征。一是与自我意识互为前提。人的自我意识是人对自身的一种认识，它使主体能够把自己同周围的环境区别开来。从人类起源及幼儿的意识发生过程来看，自我意识是在主体与环境相互作用的过程中发生和形成的。主体一旦形成自我意识，就同时具备了最初的思维能力；而开始具备思维能力，才可能产生最初的自我意识。因此，这两者应当是同时发生的，或曰互为前提的。二是必须借助语言为工具。接下来就专门阐述精神唯物论对语言问题的看法。

（六）思维工具——语言

人类思维必须以语言为工具。如果没有语言，人类就会停留在兽类的水平，就不会有思维、不会有理性，以致不成为人类。可以说，对于人类理性来说，语言与思维具有同等重要的地位。

语言如此重要，偏偏哲学家对于语言问题分歧严重，难于统一。因此，有必要花费较大的篇幅阐明精神唯物论的看法。

进入20世纪后，哲学界发生称为"语言学转向"的思潮。语言学本身很重要，且是认识论的重要课题，这是哲学发生"语言学转向"的原因之一。但是，更主要、更直接的原因，却是哲学为了摆脱所谓"形而上学"的困境、另寻出路。哲学长期以来陷于"本体论""基本问题"之争，一些哲学家把这称为"形而上学"而加以拒斥，同时来个"语言学转向"。属于科学主义思潮的逻辑实证主义认为，那些"形而上学"毫无意义，哲学的任务只是对语言进行逻辑分析。然而有趣的是，他们摆脱形而上学的企图尚未得逞，却又身不由己地陷进一个新的形而上学泥潭，这便是"语言的本质究竟是什么"的问题。以下是他们的两个形而上学"死结"。

第一，语言是物质的，还是观念的？

对此，实行"语言学转向"的哲学家与传统唯物论各执一词。传统唯物论主张语言是物质的，认为语言源于、反映、表征现实世界，作为思想交流工具的语言是有声的语音和有形的书面符号，所以语言不过是物质的派生物。结构主义语言学家则认为，语言是观念的，因为语言是一种先验的、自在自为的、独立的符号系统，是如同柏拉图的理念那样的客观精神。

第二，先有现实、后有语言，还是语言先于现实？

对此同样是两派对立、背道而驰。传统唯物论的语言观认为，语言源于、反映、表征现实世界，故先有世界、后有与之相应的语言。结构主义语言观则认为，人们可以自由、任意地创造语言，自由、任意地赋予语言的意义。瑞士语言学家索绪尔把语言分为"能指"（语音）和"所指"

（词义），认为这两者并非一一对应的关系，词义不是来自现实，而是来自语言系统本身。法国的福柯提出"话语"概念，认为"话语"是观念的，而语音和文字符号并非话语本身，而是源于话语的"文本"；推而广之，一切文化形式都是源于话语的"文本"。既然人们可以先创造语言并赋予意义，也就说明语言先于现实。

以上争论说明：语言的本质为何？这又是人类思维发展史上的又一个重大困惑。好了，现在轮到精神唯物论出场了。在精神唯物论看来，以上争论跟本体论同样是"毫无意义"的，同样应予以"拒斥"。精神唯物论认为人脑精神有限同一，从而彻底摒弃了心物二元对立模式、彻底摒弃了本体论的派生论模式。而"语言是物质的还是观念的"，这种提出问题的方式正是典型的心物二元对立模式。"先有现实还是先有语言"则是源于本体论的派生论模式。现在我们有了精神唯物论，便可置身于这些争论之外，提出自己全新的观点和看法。

在精神唯物论看来，从狭义上说，人类语言在本质上是群体共创共用的、借声音和符号为载体进行思想交流，并用作思维工具的特定信息系统。这个定义包括以下含义。

第一，语言由群体共创共用。

语言是在人的头脑里发生的。人类之所以能够创造语言，是因为人类的头脑具备思维功能，而思维功能是自人类诞生之日起就具备的。按照20世纪初俄国生理学家巴甫洛夫的学说，一般动物由于不具备思维能力，故只懂得第一信号，即诸如食物的形状、气味、颜色及与食物相结合的灯光、铃声这一类具体的信号；而人类则懂得作为抽象的第二信号的语言。由于人类具备思维能力，故能在头脑中对来自内外环境的信息材料加以抽象概括，创造一系列概念，用以标志特定的事物或现象，于是作为第二信号的语言便开始产生。

具有正常思维能力的人类个体，都会在自己的头脑里自由地创造语言。不但成年人，而且具有初步思维能力的幼儿也会创造语言。例如，我们日常习惯把裤子从上到下的三部分称为"裤头""裤裆"和"裤腿"，但我儿子在3岁左右时曾把"裤腿"说成"裤袖"，因为他还未听过"裤腿"这个词。有一次帮他穿完内长裤再穿外长裤，他大喊"帮我拉裤袖！"可能因内长裤被外长裤挤上大腿，很不舒服。他脱口而出的"裤袖"一词，很可能是由原已熟习的"衣袖"推理而来。

实际上，在日常生活中可见到人们经常胡编乱造地创造新的词语。问题是，这些新创造的词语必须得到群体公认、共用，才能成为正式的语言。同理，语言规则的制定，也须得到群体公认、共用。据此，群体的整个语言系统不能看成其中某个人的创造，而应看作群体的集体编码和共同创造。个体独创的词语哪怕自己感到非常满意，得不到公认时也无法进入群体的语言系统。上面所举"裤袖"一词，就因未得到公认，故不可能在词典中找到。其实，一个群体有大有小，哪怕小至只由两人组成，也可共创只属于他们二人的共同语言，此即暗语。人在江湖，两军对垒，往往为了内部联络、严防泄密而使用暗语或密电码。

语言系统、语言规则一旦形成，就不会被任何个体轻易改变，这种情况使语言似乎具有独立性。然而，既然语言由群体共创共用，只要出于这个群体的共同意志，他们可自由地加以改变和创新；群体一代接一代的观念改变，也使他们的语言不断发展变化，甚至使整个语言系统完全更新。

以上所述也表明，按精神唯物论的观点，不应按谁先谁后的思路来讨论语言与现实谁先谁后。因为人类与所处现实环境同在，且相互作用，因而人类会用语言来描述现实环境，此时人类语言与人类所处现实环境是同在的、不分什么先后的。由于人类与所处环境之间的相互作用会不断地发展变化，人类语言也就随之不断地发展变化。这就说明，既不是先有语言、后有现实环境，也不是先有现实环境、后有语言。

第二，创造语言的原料，既来源于外环境，也来源于内环境，故不会一一对应于客观世界。

语言既然是在主体脑内发生的，而脑内发生语言所用的信息材料既源于外环境，也源于内环境，因此语言不一定都对应于现实世界。当群体共创"桌子"概念用以标志现实世界中桌子的时候，作为概念的"桌子"的确对应于现实中的桌子。而群体共创"痛苦"这个概念时，则显然只对应于主体脑内的痛苦情感。显然，语言并不只源于、反映、表征客观世界，而且也源于、表征主观世界。

第三，存在于人脑之内的语言，不论主体是否用它进行人际交换或输入载体，它都存在于主体脑内。

根据精神唯物论的原理，存在于人脑之内的语言是与人脑有限同一的、属于人脑的一种现象。例如，"桌子"作为存在于主体脑内的概念，它与主体的头脑有限同一；虽然它跟主体之外的桌子对应，但两者分别是不同性质的事物和现象。又如，存在于人脑之内的"痛苦"概念，也与主体的头脑有限同一，并不等于外在的痛苦表现。

第四，语言的输出、传递和交换。

语言的输出并非从主体脑中直接飞出来，而是以发音和书写为中介，以音波和书本为载体。语言信息输入载体，是主体对载体施加特定的作用，并在载体留下特定的痕迹。必须弄清的是，负于载体的语言信息跟载体有限同一，而人脑之内的语言信息则与人脑有限同一；两者虽然互相对应，但已是分别与两种不同事物有限同一的两种现象。

我们把负于载体的语言信息说成是主体留下的痕迹，这种痕迹当然不同于载体受到撞击形成的凹陷，而是经过语言编码的符号。由于语言是群体共创、共用、共同编码的，故群体成员可辨认、理解载体上的语言信息。从而语言载体便成为群体之间传递和交换语言信息的中介、媒体和工具。从狭义的语言范畴来说，人类之间的思想交流都必须借助语言载体，语言信息不能从一个头脑直接飞入另一个头脑，可见语言载体对人类思想交流及思维的发展具有至关重要的意义。

借空气振动而传递的有声语言，随声波的生灭而生灭；而以书本、现代专用储存器记录的语言信息，却可千年不朽。一本书的作者可能早已去世，他头脑中的语言也早已随他烟消云散，但因他的语言信息输入了这本书，使得后人可以学习和了解他的思想。这样一来，人类思想似乎获得超越时空的性质，似乎真的"精神不朽"了。其实这不过是语言载体的功劳而已。

第五，语言与思维密不可分，是思维的必不可少的工具。

语言与思维密不可分，其依据在于思维过程必定伴随言语活动。我们每个人都能体验到，当自己思考问题的时候，好像脑子里面在不断地说话，此即脑内言语活动。这种脑内言语活动的具体情况怎样？我们却至今很不了解，这是有待脑科学家深入探究的课题。

对于发育正常、有文化的人来说，他从小就学会口头母语，在学龄阶段又习得书面语言。于是，当他脑子里面发生言语活动时，很可能同时应用有声语言和书面语言，此时脑子里面既响起说话的声音，又浮现文字符号；或者交错地出现这两种形式的表象。若是文盲，在脑内言语活动中则可能只响起语言的声音。

然而，残疾人当中有的无法习得口头语或书面语或同时这两种语，那么，在他们的脑内言语中就不会出现这两种言语形式的一种或两种表象。照此，他们的思维是否就与语言无关了，就不运用语言工具了？笔者以为不然。口语以声波为载体、书面语以书为载体，残疾人只不过是用别的语言载体来代替它们罢了，因而他们的脑内言语中必定出现别的语言载体的表象。例如，无法习得口头语的先天失聪者，虽不能运用有声语言进行交际，但可代之以手语和书面语，他们脑内言语活动就可能出现手语形象和书面符号。无法习得书面语的先天失明者，则使用口头语及盲文，他们脑内言语活动中可能出现语音表象以及盲文的触觉表象。至于如美国女作家海伦那样的先天双盲者，既不能习得口头语，又不以习得书面语，脑内言语活动中就可能只出现盲文的触觉表象。

总之，由于思维过程伴随言语活动（不管言语活动出现的语言表象以何种形式），这就足以证明思维离不开语言、必以语言为工具。

以上是精神唯物论所理解的狭义的语言概念，其中阐明的基本观点也适用于广义的语言概念。

所谓广义语言，主要指下述两种语言信息。

第一种，除有声与书面语言之外的、其他各种形式的语言。其与狭义语言相同之处，是同样的由群体共创共用，并用作思维工具的特定信息系统；其与狭义语言的不同之处，是其形式多样，不限于有声语言和书面语言。上述聋哑人用手语进行交际及脑内言语活动，这已涉及广义的语言概念。由于人类可应用的语言载体五花八门、丰富多彩，因而语言的形式便随载体多样化而多样化。实际上，只要一个群体喜欢或愿意，并公认有那个必要，他们便可共创共用任何特殊形式的语言。例如，除了聋哑人使用手语之外，世界各地都有只限本地通行的约定俗成的手势语言。同样用食指敲别人脑袋，在此地区是表示"你真糊涂"，而在彼地区则表示"你真聪明"。印度教要求人们学会"结印"（印证某种情感的手势），印度舞蹈则把"结印"发展为优美动人而千变万化的手势，还发展出名为"拉斯"的表演艺术（用眼、颈、面部肌肉做出各种丰富表情），这些成为印度舞蹈的特殊语言。其他艺术也有其特殊语言，如音乐语言、绘画语言。对于各门艺术各自的特殊语言，富于艺术素养的人可陶醉其中，而如我等缺乏艺术素养的人，则如堕入迷雾之中。战鼓、旗帜、号角曾被军队用作指挥行军打仗的工具，这是军队的特殊语言载体。还有口哨语言，世界不少地区均有发现（都在交通不便之处）。如法国比利牛斯省一个叫阿斯的小村庄，位于沟壑纵横的高山，用口哨语言可借山风传到很远的地方，相隔3公里仍可轻松地对话。从上述可见，广义语言确实形式多样。

第二种，"对象语言"。其与狭义语言的主要区别在于，它并非群体共创共用的、用以交流思想感情的工具，而是当主体单方面地把别人当作认识对象时，采集到来源于对象的、可供解读其心理生理状况和特征的各种信息。因而，这种对象语言只能算作主体研究对象的信息材料，还算不上是思维工具。例如，巴西护士戴西发表了《哺乳婴儿啼哭》的论文，区分了12种婴儿啼哭类型，从而使自己成为一名公认的专家；以色列的科学家则发明了婴儿哭因分辨器，编制出分辨婴儿哭喊的电脑程序，婴儿床边的电脑屏幕可显示诸如疲倦、肚痛还是头痛。以上都是对婴儿啼哭这种对象语言的研究和应用。在现实生活中，人们还研究和应用其他各式各样的对象语言。警察的测谎办法、医院的种种检查办法、中医的"四诊"（望、闻、问、切），这些办法都是通过收集和分析特定人体生理信息，以解读其心理或生理状况。眼神被公认可用来窥测内心秘密，"察言观色"则包括观察对象的整个表情。美国心理学家埃克曼因研究人面表情40年成绩斐然而被誉为"人面教皇"，仅仅微笑一项，就被他分出50个种类。专门研究撒谎表情的美国专家找出人们撒谎时擦鼻、避视、绞手指、多喝水、吞口水等23种客观指标。此外，人体或四肢的姿势、笔迹，等等，也成为解读人们心理特征的信息材料。诸如此类来源于人体的信息虽然被称作语言，从而被纳入广义的语言范畴，但实际上只是主体单方面研究对象时所采集的信息材料，而不是如狭义的语言那样作为双向交流思想感情的工具（交换眼神除外）。

以上关于语言问题的论说足够冗长了，但愿给人的感觉是已经基本讲清。

（七）思维如何制造理性

以下讨论思维如何制造理性。或曰：思维以什么形式制造理性？开始讨论之前，先明确有关的术语。笔者倾向于不造新词，尽量沿用传统术语，只在必要时加以重新定义。在此强调一点：前面称"人脑派生理性"用了"派生"，现在讨论"思维制造理性"用了"制造"，这个"派生"和"制造"都必须从精神唯物论的角度去理解。毛泽东曾把思维比作工厂的加工制造。他把人脑比作机器、加工厂，说这个机器、加工厂是专门用来制造思想完成品的。他还说过，"我是要提倡同志们多想，这叫开动机器。脑筋这个器官不是为了别的，就是为了'想'。孟夫子说：'心之官则思。'孟子懂得这个道理。"[⑤]虽然这些比喻很生动而贴切，但是任何比喻都有蹩脚之处。其蹩脚之处就是"思想完成品"不能如同工厂产品那样离开工厂。鉴于此，本书避免"人脑制造理性"的说法，而是沿用传统唯物论的"派生"术语，只说"人脑派生理性"。"派生"一词虽然基于决定论因果律、只能由前因单向派生后果，但它强调被派生者不能脱离派生者而独立存在。人脑派生理性，就是理性被派生出来之后不能脱离人脑而独立存在，不能如同砖瓦厂制造的砖瓦可被运离工厂，不能如同婴儿可以离开母体、鸡蛋可以离开母鸡、果实可以离开果树，等等。另外，根据精神唯物论的原理，还需指出：理性在人脑中的派生，是由脑中的信息原料转化而来，即由人脑的一种现象转化为另一种现象。信息原料和理性产品两者可互为因果、互相转化，"在此时或此地是结果，在彼时或彼地就成了原因，反之亦然"[⑥]。也就是说，信息原料与理性产品两者的关系不适用单向决定论因果律，而只适用非决定论因果律。至于"思维制造理性"，则用了"制造"一词，因为思维过程与理性产品都存在于人脑之中，不必担心理性产品被思维制造出来之后脱离人脑。总而言之，根据精神唯物论的原理，不论是信息原料、思维过程还是理性产品，都是存在于人脑之中、与人脑有限同一的现象类物质。

现在回头探讨思维如何制造理性。学术界公认存在抽象思维、形象思维这两种思维形式。至于这两种思维方式在人脑中究竟怎样进行，目前只能作推测和假设性质的现象描述，在获得脑科学实证之前谁也不敢说自己的描述是正确的。中国官方的权威报刊于1978年公开发表《毛主席给陈毅同志谈诗的一封信》，由此引发中国理论界关于形象思维问题的讨论。著名科学家钱学森在讨论中提出，思维可划分为抽象（逻辑）思维、形象（直观）思维和灵感（顿悟）思维三种。他还大力主张建立专门的思维科学和思维科学院，看来实现这一提议的条件还远未成熟。钱学森极其重视灵感，把它列为思维科学中与抽象思维与形象思维并列的三大内容之一。笔者以为，灵感其实不是一种思维方式，而是一种理性产品。灵感是一种电光火石般在头脑里突然闪现的奇妙现象，科学家和艺术家在艰苦的创造劳动中，无不望眼欲穿地期待着它的出现。它一旦出现，长年累月苦思冥索的科学难题一下子就获得了答案或解决办法，艺术家则会在脑海突然出现无比美妙的艺术形象或瞬间觅得美妙的艺术语言。不论抽象思维或形象思维都可能出现灵感，它的产生虽然是突发和偶然的，但之前主体必定已经过艰苦的思维，灵感只是其成果。只不过这种成果是突发式获得，而其他思维成果则是渐进式获得而已。现在人们正在积极探讨捕捉灵感的办法，以便用较少的脑力制造较多的精品，祝愿他们成功，取得实用成果，造福于人类。

人们还从另外的角度把思维划分为定势（习惯）思维和创造（想象）思维两类，这也很有道理。但如何界定这两类思维，则尚无统一定义。笔者的理解是，所谓定势思维，是把头脑里已有的理性作为依据、线索、思路、标准、工具或框架和模型，用来整理和加工目前对象的信息材料，对对象作出判断。在这里，头脑已有的理性既可能是通过学习获得的，也可能是自己创造的。所谓创造思维，则是抛开原来已有的知识或价值观，自由地对对象的信息材料进行组合和改造，从而得出对于对象的全新的、独特的看法。在我们的印象中，似乎定势（习惯）思维是个贬义词，什么墨守成规、教条主义、本本主义、经验主义、保守主义，等等，都与定势思维相联系；而创造发明则与创造思维相联系。然而在一定条件下，定势思维也有其积极作用。例如，少了定势思维，我们就会像疯子那样从早到晚胡思乱想，日常行为没了规律，像苍蝇那样在玻璃窗前瞎飞瞎撞。例如，在日常生活中，我们可根据太阳东升西落的规律辨别方向，只需定势思维就行了，没必要来个创造思维而假设太阳出没方向颠倒过来。由此可见，对定势思维和创造思维不可偏爱偏废，而应分别恰当地运用。

这里提出一种特殊的抽象思维形式，即由情感等非理性过渡到价值理性的抽象思维。在这种特殊的抽象思维中，所用信息材料既不是接收内外环境信息后形成的各种感觉或表象，也不是脑内已有的抽象概念，而是情感、欲望之类非理性的东西。人们有时内心隐隐生发某种情感、涌动某种欲望，这些非理性的东西在脑内一旦与已有的某种概念相联系，变成可用语言描述和表达的东西，此时非理性也便转变成了理性。虽然这个过程可能很简单，可能只在瞬间完成，但也属于思维；如果把它归为抽象思维，它便成为最简单的抽象思维。研究这种由非理性到理性的过渡，对于研究价值理性具有特别重要的意义。人类虽是理性动物，但有时也像一般动物那样受兽性支配（对人类来说叫作受非理性支配），而不是从生到死一举一动都受理性支配。这是因为，人们并非任何情况下都轻而易举地实现由非理性向理性的过渡。相反，在这个过渡过程中，有时会出现"只可意会、不可言传"的情形。此时，主体尽管从脑海费劲地搜索，企图找到适合词语加以形容和表达，却如大海捞针一样难以寻觅。应当说，此时人脑也属进入了思维状态，因为主体此时意识清醒，并且正处于把非理性材料加工为理性产品的努力之中，只不过暂时未能做到而已。情感、欲望是主要的非理性，而这类非理性又是制造价值理性的主要原料。所以，当情感、欲望等非理性尚未转化为价值理性的时候，主体有可能受非理性支配而贸然行动，这叫"缺乏理智、感情用事"。而若找到了适合词语表达非理性的情感或欲望，也就初步完成了由非理性到理性的过渡，亦即初步形成了某种价值理性。这时即便主体的行为仍然鲁莽草率，也不算非理性行为，而是属于在某种价值理性支配下的明知故犯了。所谓"跟着感觉走"的行为，就不能算作非理性行为。因为此时主体刻意打算这么干：一旦我产生某种感觉或欲望，我就要为满足它而行动起来！这种想法已属于价值理性了。倘若一个人在现实生活中完全"跟着感觉走"，必定会碰得头破血流的，所以没人完全这么干。

马克思说："观念的东西不外是移入人的头脑并在人的头脑中改造过的物质的东西而已。"人脑的思维过程，就是这种改造的过程。正是人脑凭借思维功能把移入人脑的信息原料加以改造，才使之成为观念的东西。

（八）理性产品的层次——经验与理论

人脑思维制造出"观念的东西"即理性产品，不言而喻，这些产品不会有完全相同的成熟程度。犹如铁匠或厨师都讲究火候，火候足与不足、是否恰到好处，都影响其产品的成熟程度。理性产品的成熟程度，则与人脑思维中的抽象程度有关。依照抽象程度的高低，理性产品分出了经验和理论两大层次。

在传统唯物论中，理性这个范畴是不包括经验的，经验被称作"感性认识"而与"理性认识"相对应。精神唯物论认为，由于经验与理论都是人脑思维的产物，所以两者都是理性。这样的理解就大大地扩大了理性范畴的含义。

经验与理论的产生，都离不开运用概念、归纳和推理等逻辑形式的抽象思维。两者都是人脑思维的产物，只因抽象程度的不同而使两者之间有质的区别，主要体现在以下几方面。

（1）一种经验或理论，都是对一类对象"是什么""怎么样"或其价值所作的概括。但经验只概括了一类对象中个别的个体，而理论则概括了一类对象的全部个体。

（2）经验对于对象的认识较浅，主要是认识对象的表面现象；而理论对于对象的认识较深，达到认识对象的本质现象。

（3）经验的产生过程以形象思维为主、抽象思维为次，故以形象直观为特征；理论的产生过程以抽象思维为主、形象思维为辅，故缺乏形象和直观。更深一步的抽象思维还以抽象概念、原理组成理论体系，其抽象程度之高可以达到只用符号进行描述和表达。

（4）经验对于对象的认识往往知其然、不知其所以然，而理论对于对象应做到知其然、并知其所以然。

（5）由于以上原因，经验的普适性较低，理论的普适性较高。

从上述可知，经验作为一种理性，由于其抽象程度较低，故属于低层次、低水平的理性，应进一步加工改造、上升到理论，从而在整体上提高理性的水平。经验的不足之处：一是容易产生片面性。如"只见树木，不见森林""一叶蔽目，不见泰山""瞎子摸象""攻其一点，不及其余"等。二是由于知其然、不知其所以然，故易被对象的表面现象所迷惑、易出错，且不易找到犯错的原因。三是不足以据此制订长远、周全的行动计划。

然而，经验虽有以上不足之处，在现实生活中却不可或缺。自古以来，平民百姓主要就是凭经验过日子。一个人可以终生没有理论，却不可以没有经验。一个出身贫苦、未受过文化教育的人，就可能只有经验而没有理论，不见得他因此就无法过日子、无法维持生存。相反，若只有理论而缺乏生活经验，则会在现实中处处碰壁。

至此，精神唯物论的认识论已算初具框架，有待进一步完善和深化。即便如此，对于马克思所说的"观念的东西不外是移入人的头脑并在人的头脑中改造过的物质的东西而已"，在这个粗糙的框架中已算作了比较详尽的阐述和论证。而本书到此为止已把这句重要的话重复了7次！而且每次都不是简单的重复，都是从不同角度加以演绎和发挥。在后面的篇幅中，倘有需要也将再予重复。笔者体会到，马克思这句话确是颠扑不破的真理！只要吃透这句话，让唯物论与时俱进地改变形式就不会是什么可望不可即的空想。

注释：

① 《马克思恩格斯选集》第1卷，人民出版社1972年版，第43页。
② 《马克思恩格斯选集》第3卷，人民出版社1972年版，第551页。
③ 《马克思恩格斯选集》第1卷，人民出版社1972年版，第108页。
④ 转引自杜汝楫《"三个世界"的学说》，载《国内哲学动态》1982年第6期。
⑤ 毛主席在中国共产党第七次全国代表大会上的讲话，见新华社编《毛主席对新闻工作的重要指示》，1988年，第40页。
⑥ 恩格斯：《反杜林论》，见《马克思恩格斯选集》第3卷，人民出版社1972年版，第62页。

三、人类的三大理性

(一) 从"休谟问题"谈起

人既然是理性动物,那么,人类的理性究竟有哪些种类?对于拥有理性的人类来说,人们一直没有发现自己的理性还可区分出不同种类,更未认识到清晰区分不同种类理性的重要意义。这个重要意义就是:清晰区分不同种类的理性,将有助于提高自己思维的清晰度,从而提高自己的认识能力。

由于人类尚未发现自己的理性能够并且应当区分出不同种类,因而人类在这个问题上尚处于模糊不清、一片混沌!这个铁一般的事实,又实实在在地证明了人类思维水平尚处于低级阶段。

终于,在18世纪30年代,以善于怀疑著称的英国哲学家休谟,提出了一个至今悬而未决的著名的"休谟问题"。他蒙眬觉察到,存在两种不同性质的判断:一种是关于"是或不是"的判断,另一种是关于"应该或不应该"的判断。在日常生活中,人们对此两者却不予区分,混为一谈,这样做似乎不妥。回溯人类几千年的文明史,竟然无一人觉察到这种思维的混沌,而280年前首次被休谟发现了。这一伟大发现,足以令他成为人类思维发展史上最伟大的哲学家之一!

休谟在《人性论》中的一段原话是:"在我所遇到的每一个道德体系中,我一向注意到,作者在一个时期中是照平常的推理方式进行的,确定了上帝的存在,或是对人事作了一番议论;可是突然之间,我却大吃一惊地发现,我所遇到的不再是命题中通常的'是'与'不是'等连系词,而是没有一个命题不是由一个'应该'或一个'不应该'联系起来的。

这个变化虽是不知不觉的，却是有极其重大的关系的。因为这个应该或不应该既然表示一种新的关系或肯定，就必须加以论述和说明；同时对于这种似乎完全不可思议的事情，即这个新关系如何能由完全不同的另外一些关系推出来的，也应当举出理由加以说明。"①

现代哲学用"事实判断""价值判断"这两个术语分别指称休谟所说的"是"与"应当"这两种命题。休谟是如何发现和提出这两种判断相互关系问题的？分析这段话，可知其过程如下。

首先是发现。他大吃一惊地发现：人们总是不知不觉地、突然地从"是"跳到了"应当"，即由事实判断突然跳到价值判断。

其次是质疑。他质疑：这种由"是"推出"应当"的做法"似乎是完全不可思议的事情"。

最后是提出要求。他要求：当人们由"是"推出"应当"时，应当举出理由加以说明。

自从休谟提出这个"休谟问题"之后，哲学家对这个"休谟问题"各抒己见、百家争鸣，却至今无人能够作出令人信服的解答，可见其难度之大、影响之深。

（二）人类的三大理性

前面阐述精神唯物论的认识论时，曾将理性区分为经验和理论，这只是依据理性之抽象程度的高低而区分出来的两大层次。现在，依据理性之内容和性质的不同，作出更重要的区分，即将理性区分为真相理性、价值理性、技术理性三大种类。

真相理性，是主体对于对象本来面目即其真相的认识。

价值理性，是主体的自我需要意识以及对对象价值的认识。

技术理性，是人类为满足认知和技术的需要，在真相理性的基础上创造的工具性或技术性的理性。

接下来将重点阐述价值理性。首先必须下足功夫把价值理性讲清楚，因为把它讲清楚了，进而就可弄清真相理性与价值理性之间的区别和联系，有助于我们今后更清晰地思维、更清醒地追求对象之真相、更恰当地决定和实施价值取向。此外，把它讲清楚了，在后文中讨论人生意义时，就容易理解并不存在人人相同的人生意义，以及为何人们尽可自由地追求和创造自己丰富多彩的人生。

（三）价值理性的内容及其主体性

人类的价值理性包括两部分内容：一是主体的自我需要意识，二是主体对对象的价值认识。

1. 价值理性的第一部分内容：人的自我需要意识

（1）人的自我需要意识来源于人性。

人为何有自我需要意识？答案是：由于人有区别于其他动物的人性。换言之，人的自我需要意识来源于人性。

那么，何为人性？答曰：人性即是人之共性。人与人之间无论怎样千差万别，都有一个共性：即在理性的指导和支配下谋利抗害的本性。我们常怒斥坏人"没人性"，其实，不论好人还是坏人，都有人性，都在理性的指导和支配下谋利抗害。人之所以分为好人、坏人，是因为我们拿着自认为天公地道的道德标准去衡量别人。不衡量不知道，一衡量吓一跳，世人竟然有那么多的坏人！可见，所谓坏人是你用道德标尺评判出来的，不能说坏人没人性，而只能说坏人的人性是坏人性；或者说，坏人用他的人性干坏事，才成了坏人。

人类是一种生物，具有生物的共同属性；而生物的共同本性是趋利避害，故人类也具有趋利避害这种生物的共同本性。

为什么说趋利避害是生物本性？根本的依据是，生物以趋利避害的本质特征区别于非生物。世界上一切物质可划分为生物和非生物。非生物与环境的相互作用，只是单纯的万有引力、强相互作用、弱相互作用、电磁相互作用。也就是说，无生命之物对其环境没有单方面的、主动的指向性。譬如日月星辰、高山大海、沙石泥土等，都不会主动地趋利避害。而生物则对环境事物总是有所取舍，既有所爱好、有所追求，又有所厌恶、有所拒绝。也就是说，生物只爱好和追求对自己生存有利的环境事物，并拒绝或逃避对自己生存不利的环境事物。一切生物的生命力，正体现于它们具有趋利避害的本能或本性。一切生物都通过趋利避害而维护自我、发展自我，这就是所谓的生命力。凡具有趋利避害本性的事物，就是具有生命力，就是生物；凡不具有趋利避害本性的事物，就没有生命力，就不是生物。这种本性成为生物生命活动的双重驱动力：一是利在前之吸引，二是害在后之威胁。于是，在趋利和避害双重驱动下义无反顾、奋勇向前。当生物丧失了趋利避害本性，即是丧失了生命力，它就重归于大自然，不再是生物。20世纪上半叶，法国柏格森的生命哲学是一种崇拜生命力的哲学，但它过分夸大并神化了生命力。它依据本体论思维模式，把"生命冲动"当作世界的终极本原，说生命冲动向上喷发就产生一切生命形式，向下堕落则产生一切无生命的物质事物。其实，只是因为生物才会趋利避害才有生命力，无生命的物质并不会趋利避害，并无生命力；生命力并非什么派生世界万物的终极本原，而只不过是与生物有限同一的现象，随生物的生灭而生灭。可见，若问什么叫生物，什么叫生命力，生物的本性是什么，生命活动的原始动力是什么，这些问题的答案都是一致的，都归结于生物的趋利避害的本性。

人类与其他一切生物同样具有趋利避害的本性，但是，人类的趋利避害又是在理性的指导和支配之下。前面说过人的最确切定义为："人是理性动物"，有理性正是人之区别和超越于其他生物的根本标志和本质属性。如果不加上这个"理性指导和支配下"的定语，人类的趋利避害就停留在一般生物的水平。草履虫是最简单的单细胞动物，它在水中不停地摆动纤毛，为趋利而游向营养液，为避害而游离盐水。考虑到人类的趋利避害因有理性指导而显示出一般生物所没有的自觉性、预见性、计划性，所以把人类的趋利避害称为谋利抗害，以区别于一般生物出于本能的趋利避害。

（2）人脑思维将趋利避害的生物本性改造为自我需要。

人是一种动物，一般动物都有神经系统，都能产生感觉（包括人体接受外环境作用后产生的视觉、听觉、嗅觉、味觉、触觉、体觉，以及表达内环境信息的各种痛感、快感和"欲"，诸如食欲、性欲等），其趋利避害本性就表现为各种感觉形式的非理性。但人类还具有理性，具有思维能力，能通过人脑思维将这些非理性原料加工改造为理性观念，即自我需要意识。自我需要意识，即是意识到的自我需要。形成自我需要意识的过程，是一个将非理性改造为理性的过程。可见，在同样具有趋利避害生物本性的情况下，其他动物只表现为非理性的感觉，而人除此之外还表现为自我需要的理性形式。说到这里，伟大导师马克思仿佛突然出现，他画龙点睛、言简意赅地告诉我们："在现实世界中，个人有许多需要"，"他们的需要即他们的本性"。②想不到，伟大导师早在170年前就已为我们指点迷津了！如此，我们只需好好领会马克思的指示。显然，他老人家所说的"需要"，是属于人类特有的理性观念或意识，而绝不是一般动物的那种趋利避害的本能。人类的这种自我需要意识，便成为人类价值理性的最基本内容或组成部分。

现在，让我们再来看人的自我需要意识如何在人脑里发生。

主体是在相互作用论的认识模式中，通过人脑思维将感觉和情绪等非理性信息原料加工改造为自我需要理性产品的过程。这种加工过程有两种不同情形。

第一种情形是比较简单和直接的过程，并且其信息原料主要来自内环境的相互作用。具体说来，人体各种器官在生命活动中将各种生命本能的信息传递给大脑，在脑内产生各种感觉及相应的情绪，人脑将这些非理性信息原料直接加工改造为生理需要和其他生存需要，例如饮食需要、性需要、安全需要等。这个过程可表示为下列形式：

内环境信息 ⟶ 感觉/情绪 ⟶ 需要

马克思曾说过，"推动人去从事活动的一切，都要通过人的头脑，甚至吃喝也是由于通过头脑感觉到的饥渴引起的，并且是由于同样通过头脑感觉到的饱足而停止"③。这就是一种在体内交换中人脑思维将内环境信息加工为自我需要的过程：人脑接收到体内缺乏养料和水分的信息，产生了饥渴感觉；饥渴感引起脑内相互作用而产生相应的紧张情绪。这些饥渴感、紧张情绪都属于非理性。人脑思维将这些非理性原料简单直接地加工改造之后，形成了饮食的需要。于是，饮食需要作为一种价值理性对人的行为发挥支配和调节的功能。又如，躯体伤病向头脑传递的信息，使头脑产生疼痛或不适感觉；这种感觉导致脑内产生相应的焦虑情绪。这些疼痛或不适感觉、焦虑情绪，都属于非理性。人脑思维直接地把这些非理性原料加工成为祛除伤病恢复健康的需要，并以此指导和支配主体求医祛病的行为。

第二种情形是比较复杂的过程，需经主体与外环境对象反复相互作用之后逐渐形成某种需要，因此，其信息原料主要来源于人与外环境的相互作用。具体说来，在人天交换、人工交换、人际交换中，主体的头脑接收特定对象信息后产生某种特定的感觉、情绪等非理性；主体为了继续获得曾经产生的感觉，便以各式各样的行为继续作用于此类特定对象。如此，经过与对象反复的相互作用，主体才逐渐形成对这种特定对象的需要。这种情形所产生的自我需要，主要是精神需要。

这个过程可表示如下列形式：

外环境对象 ⇌ 主体感觉/情感 ⟶ 需要

例如，主体因遇外环境某种刺激而获得快感或舒适感、愉悦情绪；经反复多次获得此类刺激后，就可能形成对此类刺激的需要。如从亲人身上获得安全感、温暖感，可导致形成亲情的需要；对特定对象产生神秘感、好奇感，可导致形成认知需要；对特定对象产生美感、愉悦感，可导致形成审美的需要；对特定对象产生神秘感、敬畏感，可导致形成向往或崇拜的需要，等等。

（3）自我需要的特征。

人的自我需要，算起来有七点特征：

第一，人的需要是人认识自己趋利避害的生物本性而形成的一种价值理性，用以自觉地支配和调节谋利抗害行为，这是其他生物所未具备的。

第二，种类繁杂多样。每个人都有多种需要，所有人的所有需要汇集起来则更是五花八门、丰富多彩。

第三，表现出贪得无厌，多多益善，好似无底洞，永不满足，这跟一般动物满足生存之利后不求进取的情况大不相同。

第四，与一般动物单纯趋生存之利、避生存之害的情况不同，人类既谋生存之利、抗生存之害，又谋精神之利、抗精神之害。生存之利或害，与主体生死存亡直接相关；精神之利或害，虽不直接影响生存，但可深刻而持久地影响生命的质量。

第五，随着社会的发展而不断地发展变化，既可能此消彼长，也可能推陈出新。

第六，各人的各种需要组成了他的需要结构，需要结构也随需要的发展变化而发展变化。

第七，人们的需要及需要结构因人而异、千差万别，没有任何人与别人完全相同。

2. 价值理性的第二部分内容：价值认识

价值理性的第二部分内容是价值认识。这部分内容相当丰富，需要弄清的概念有：价值（价值关系）、价值对象、价值认识（价值评价与价值意义）。下面依次加以探讨。

(1) 价值（价值关系）。

价值究竟是什么？现代西方哲学的各家各派对此分歧悬殊、争论激烈。各方"公说公有理，婆说婆有理"，所下价值定义有好几十种之多。其中"心理主义派"认为价值是主体对客体的情感、愿望、利益、兴趣，"物理主义派"认为价值是客体的一种客观属性，"关系论"认为价值是客体属性与主体需要之间的关系，"意义论"认为价值是独立于主体和客体之外的意义（类似柏拉图的理念），等等。当代英国美学家阿诺·理德在谈到审美价值时说："审美经验和审美对象，是一种微妙的，不可捉摸的东西，稍一接触它就消失了。我们认为是有声有色的实体，但碰到的却是一团正在消失的云，一息正在飘走的烟雾。"④请看，这简直是对价值最离谱的解说了，当人追求价值时，它怎么就像云雾一般消失了呢？这样的话，活在世上还有什么意思？！上述这种没有人能讲得清价值之本质的窘迫状况，被称为"当代价值基础的危机"。看来，在人类思维发展史上，这是新近发生的又一个重大困惑。

价值确是一个简单而又奥秘的概念。人们公认的是价值就存在于我们的心目中，存在于我们的生活中；倘若没有价值，我们就没有理由，也没有必要活在世上了。我们追问人生的意义何在，也就是追问人生有何价值。而要追问人生有何价值，首先就需弄清价值究竟是什么。现在我们不去理睬哲学家关于价值问题的不同看法，不去关心他们渲染的价值危机，而只按自己的理解来回答价值究竟是什么。

马克思早就说过，"'价值'这个普遍的概念是从人们对待满足他们需要的外界物的关系中产生的……"⑤这句话又是马克思的许多真知灼见之一，然而不太好理解。这句话等于说价值是一种关系，这个关系是什么样的？我们曾眼见、耳闻和触摸过"关系"这样的东西吗？此刻，就用得上我们的事物现象有限同一论了。本书上篇在阐明事物与其现象的有限同一时，指出现象分为"属性"和"关系"两大类；属性一类现象存在于所属事物之中并与所属事物有限同一，关系一类现象则存在于发生某种关系的不同事物所组成的整体之中并与这个整体有限同一。价值正是属于关系类的现象。根据事物与现象有限同一论的原理，价值这种关系存在于主体与特定对象所组成的整体之间并与这个整体有限同一。也就是说，这种关系不能脱离主体与特定对象两者之中的任何一方而独立存在，它不是只与主体或只与对象有限同一，而是与主体跟特定对象共同组成的整体有限同一。倘若这个整体缺少了主体一方或者缺少了对象一方，价值这种关系也就随之不存在。

根据上述事物现象有限同一论的原理，让我们在马克思价值定义的基础上，进一步具体地界定价值范畴。所谓价值，即是主体的需要与其对象之间发生的利害关系。此定义比马克思的定义稍为具体之处，是把主体的需要与其对象之间的关系进一步确认为"利害关系"。主体与对象之间还可发生其他各种不同性质的关系，利害关系只是其中之一种。是否属于"利害关系"？这取决于是否与主体的需要有关。如果其中某种关系与主体的需要相联系，这种联系便立即成为具有利害性质的关系即利害关系。为什么这种联系称为利害关系？这是因为，自我需要源于谋利抗害的本性，因而对象一旦跟自我需要发生联系，主体就把对象放到自我需要这座天平上进行衡量，辨明利害，然后利则谋之、害则抗之。于是，只要对象与自我需要发生联系，这种联系便成为利害关系。

为了跟日常语言衔接，以便理解，下文提到价值这种利害关系时，亦称之为价值关系。这样，价值、价值关系、利害关系便是同等含义，可在同等意义上使用。

(2)价值对象。

自古以来，人类就在各种自我需要的驱动下，日复一日地在追求、创造、争夺、乞求、享受某种对象。人们既用一厢情愿的、虔诚的祈祷，去向神仙或上帝祈求和平、安全和幸福，也用实际行动（包括艰辛劳动、交易手段、盗窃诈骗、诉诸武力等）去追求某种实实在在的利益；人们既追求实实在在的、具体的如上面所列的实物财富，也追求某种美好的抽象之物，例如追求某种理想、追求某种情趣或审美享受。所有这些，属于人们向往和追逐的价值对象，即于己有利的价值对象。反过来，人们又同样的方式去逃避、预防、驱逐、除灭某种对象，例如天灾人祸、病菌病毒、歹徒恶霸、污秽丑恶之物，等等。这些则属于人们厌恶、躲避、必欲除之而后快的价值对象，即于己有害的价值对象。

价值对象是主体的需要所指向的目标。存在人的一种什么样的需要，就必定相应地存在一种什么样的价值对象，就必定相应地存在这种对象对于主体的利害关系即价值关系。各种价值对象一一对应于人的各种需要。人的需要有多繁杂、多丰富，价值对象就有多繁杂、多丰富。

人的各种需要所对应的价值对象，可分为以下三类。

第一类是包括三大环境（自然环境、人工环境、人际环境）在内的实物。例如，审美需要指向的价值对象，既有自然风光，也有人工产品、艺术作品，还有人体本身。其他如生理需要、健康需要、安全需要、刺激需要、奇货需要、认知需要、自由需要，等等，所追求的价值对象都可以是三大环境中的事物。

第二类是他人。如爱的需要指向所爱的人。

第三类是某种意识形态。如道德需要指向道德，信仰需要指向某种世界观或社会理想，宗教崇拜的需要指向各式各样的神。而这些价值对象都是观念形态的东西。

从上述可见，价值对象可以是实物、人，也可以是某种观念。

(3)价值认识（价值评价与价值意义）。

一旦发生了价值（价值关系），换言之，一旦发生了主体的需要与其对象的利害关系，主体就会对对象进行价值评价。价值评价之后便得出评价的结果，这个结果便是价值意义。价值评价与价值意义这两者组成了主体的价值认识，而价值认识正是人之价值理性的两大组成部分之一，包括价值评价、价值意义在内的价值认识是观念形态的东西，存在于人脑之中而与人脑有限同一。

不论价值意义具体内容为何，都可归结为利、害二字：认定对象符合自己的需要，是为利；认定对象妨害自己的需要，是为害。倘若无所谓利害，则主体与对象之间不存在利害关系（价值关系），对象也不属于价值对象。

价值意义为利者，称为正价值；价值意义为害者，称为负价值。反过来，正价值即是利，负价值即是害。在现实生活中，每一种价值都有正负之分，都可概括为成双成对的反义词。如：温饱与饥寒、健壮与病弱、舒适与疼痛、欢乐与痛苦、顺利与波折、安与危、吉与凶、福与祸、美与丑、善与恶、荣与辱、誉与毁、尊与卑、贵与贱、好与坏、优与劣、良与莠、得与失、胜与败、赢与输、赚与赔、洁与秽、正与邪、忠与奸、勇与懦、勤与惰、无价之宝与一文不值、尽善尽美与一无是处、永垂不朽与遗臭万年，等等，不胜枚举！这些标志价值正负性质的每对反义词之中，前者都归入利、后者都归入害。这样一来，我们的精神唯物论的价值观就大大地扩大了"利害"二字的含义。此刻，在我们眼前，精彩纷呈的价值世界一下子变得无比单纯和简洁：不论世间价值如何五花八门、千差万别，它们都无一例外地以人类谋利抗害的本性为中心，它们都被放置到人们自我需要的天平上，不是被评判为利，就是被评判为害。

3. 价值的主体性

价值具有主体性。其含义及理由有三。

第一，对象于己是否存在价值（利害关系）？这由主体判定。若判定存在价值，此对象便属于价值对象，否则不属于价值对象。

第二，判定价值意义是利抑或害？也由主体判定。

第三，主体判定价值是否存在、判定价值意义是利或害的标准，都以主体的自我需要为依据。

可见，价值具有主体性就是不容置疑的了。

价值具有主体性，这句话也可理解为价值以主体的自我需要为转移。

由于自我需要属于一种主观意识,因而也就等于说:"价值以人的主观意识为转移。"

这种说法会令传统唯物论者大惊失色:这是赤裸裸的主观唯心主义!精神唯物论者的回答是,这不单不是唯心论,而且是彻底的唯物论。毋庸置疑,在价值问题上,自我需要确实成了中心,价值确实围着自我需要转。如果从主观唯心论出发,由于"心"、自我是能够独立存在、能派生世界万物的精神实体,因而你说价值围绕自我需要意识转、价值以主观意志为转移,这些说法都符合主观唯心论的原理。但是,精神唯物论所说的自我意识,是存在于人脑之中、与人脑有限同一的物质;自我需要的存在,表明了人及其头脑的存在;没有人及其头脑,就没有人的自我需要,因而就不存在所谓价值。所以,精神唯物论所说的价值以主观意识为转移,在有限同一的意义上等于说价值以人脑为转移。这是精神唯物论与主观唯心论二者的根本区别。

还应明白,说价值以主体的自我需要为转移,不等于说对象以主体的自我需要为转移。价值关系就好比一根绳子,一头牵着主体的自我需要,一头牵着价值对象,这两头缺一不可;若缺一头,价值关系也就不复存在,价值也随之不复存在。两头之间若缺乏价值关系这根绳子,对象也就不成为价值对象了。作为客观事物的对象,当它与主体发生利害关系时,固然导致主体的价值评价;当它不再与主体发生利害关系时,其本身是否也随之消灭?答曰:此时消灭的是价值关系,而不是对象本身。我们敢说价值(价值关系、利害关系)依存于主体的自我需要,但这不等于说客观对象依存于主体。

(四)价值理性与真相理性的区别和联系

根据精神唯物论的原理,价值理性与真相理性是两种性质根本不同的理性,两者之间存在如下六点本质的区别。

1. 认识的直接任务不同

主体对同一个对象可带着两个不同的认识任务去认识它:一是为了认

识它的本来面目，由此产生真相理性；二是为了认识它对自己的价值关系（利害关系），由此产生价值理性。认识任务的不同，认识的角度也就不同。

2. 前提或依据不同

真相理性的前提或依据是对象的真相（即其本来面目），价值理性的前提或依据是主体的自我需要。

3. 主体的所处位置不同

认识对象之真相，须遵循"只求真相，不问利害"的原则。为此，主体在认识过程中应处于客观位置，即站在客观的立场，力求排除先入之见和一切偏见，撇开对象于己之利害关系；采取各种形式的方法和手段，力求搜集到关于对象的尽可能详尽和全面的信息，尤其是能揭示对象之本质的信息，加以分析和综合，从而得出关于对象之真相的认识。认识对象之价值，则主体处于中心位置，即把自我需要置于中心地位，以自我需要为根本的前提、依据和评价标准，对对象于己之利害关系进行分析和综合，从而得出关于对象于己之价值关系的认识。

4. 评价标准不同

两种理性不同的前提或依据，成为它们的不同的评价标准。真相理性以是否符合对象的真相（即其本来面目）为标准，这种标准具有客观性，不以主观意志为转移。价值理性则以自我需要为标准，这种标准具有主体性，即以自我需要为转移。

5. 评价结论不同

真相理性的评价结论概括为"真""伪"二字。也就是说，人们关于对象的真相理性既可能符合，也可能不符合对象的本来面目，因而真相理性的性质可能属真，也可能属伪，可能是真理，也可能是谬误。价值理性的评价结论则概括为利、害二字。人体评价对象于己之价值关系的意义时，以自我需要为标准，价值关系的意义符合主体需要时，评判为利；价值关系的意义是妨害主体需要时，评判为害。

6. 两种理性的形式迥异

真相理性的形式是科学知识、科学理论等；价值理性的形式是价值观和人生观，具体的有政治学说、社会理想、法律规范、宗教经典等。

鉴于真相理性与价值理性之间存在以上区别，我们不妨把真相理性称为客观理性，把价值理性称为主观理性。

真相理性与价值理性两者虽有区别，却又密不可分、互相交融，主要体现在以下方面：

（1）真相认识以认知需要为动力，所获得的真相理性具有认知价值。人们之所以要去认识对象的真相，均因受自我需要所驱动。人们不会漫无目的、无缘无故地去追究某一事物或现象的真相。例如在繁华大街上，无数行人从你身边匆匆而过，但你因无需认识他们而视若无睹。又如当今全球"信息爆炸"，每天发行量如恒河沙数的报刊书籍，你不会愚蠢到把它们全部找来逐一研读，因为无此必要，也不可能做到。可见，若无自我需要，人们不会去追究一种事物或现象的真相，因而不会花费精力和时间去探索和制造关于这种事物或现象的真相理性。反过来，人们若千方百计、孜孜以求地非要弄清一种事物或现象的真相，就必定有他的理由，即是他有这种需要。

作为真相认识之动力的自我需要，即是认知需要。这种认知需要，既可能只求略知皮毛，也可能穷毕生精力而非要弄个水落石出；既可能是迫切之需，也可能是心血来潮、一时兴起，甚至仅仅出于好奇。有一句阿拉伯谚语说道："弄明白一件事情背后的道理，比当一回波斯王都快乐。"实际上，以求知探秘为乐事是人们的一种普遍的精神需要，人们从探索事物奥秘的艰辛劳动中能够享受到莫大乐趣。哲学家和科学家之所以胸藏丰富的专门知识，之所以有所创造和发明，只因其求知欲和好奇心比一般人更加强烈而已。亚里士多德在《形而上学》中说："古今来人们开始哲理探索，都应起于对自然万物的惊异。"爱因斯坦则表示："我没有特殊的天赋，我只有强烈的好奇心。谁要是体验不到它，谁要是不再有好奇心，也不再有惊讶的感觉，他无异于行尸走肉，他的眼睛是模糊不清的。"以发现第四种基本粒子——J粒子而获1976年诺贝尔物理学奖的华裔科学家丁肇中，在2003年10月造访中山大学时也指出，人类的好奇心推动着人类一直向前走。他教导后辈："记住，要实现你的科学目标，最重要的是要有好奇心，对正在做的事感兴趣，并且要勤奋。"历史上就流传着许多关于科学家、思想家在强烈的求知欲和好奇心驱动下废寝忘餐、埋头钻研的生动故事，如客观唯心主义大师黑格尔有一次边散步边思考，天下雨也浑然不觉，以至一只脚鞋子陷入泥中只剩下破袜子，也继续往前走。以研究哥德巴赫猜想著名的数学家陈景润，一次在走路时冥思苦索，一头撞在树上还以为撞了人，连声说对不起。以上只是典型事例，实际上人们探求真相理性都源于价值理性（自我需要）的驱动。军队为取胜而去侦察敌情，农民为获得丰收而去弄清作物生长规律，工人为顺利生产而了解机器的构造和性能，等等。日常生活中所有认知行为，也都出于某种需要。例如每到一地人们会先弄清吃喝撒拉的处所，否则可能急得如热锅上团团乱转的蚂蚁。有做妻子的发觉丈夫有外遇，就花钱请私家侦探去跟踪取证，这是为了自身婚姻和利益而去弄清事情真相。总而言之，所有真相认识都以价值理性（认知需要）为动力。

既然所有真相认识都以认知需要为动力，这就表明：第一，此时对象已与主体的认知需要发生了联系，即发生了对象对于主体的价值关系。第二，凡是真相理性的对象，同时也是价值理性的对象；而且可以说，一种事物或现象必须首先成为价值理性的对象，然后才能成为真相理性的对象。此时，主体对同一对象已产生价值认识和真相认识的双重任务。第三，两种理性的最终目的相一致。真相理性的直接目的固然在于认识对象之真相，但其最终目的乃在于认识对象之价值，在于满足认知需要。第四，在认知需要驱动下进行真相认识而获得的真相理性，具有认知价值。第五，虽然价值理性因有主体性而不能成为普遍认同的真理，真理却对谁都具有价值。

（2）真相认识是价值认识的第一个必经环节。

如上所述，既然真相理性与价值理性的最终目的相一致，那么，主体是否无须去认识对象的真相，只需直接去认识对象之价值就行了？否！恰恰相反：人们凡欲认识对象之价值，必须先认识对象之真相。这是因为，若未获得关于对象的真相理性,就无法判明对象到底符合还是不符合自我需要,无法判明对象之价值意义到底属于利抑或害。举例来说,神农尝百草,须弄清何种有毒、何种无毒,否则无法作出可否食用的价值判断。军队必须知己知彼,才能做到扬我所长、击敌所短;否则将寸步难行,只能坐而待毙。

由上述可知,真相认识是价值认识的第一个必经环节。如果说,真相认识必由自我需要所驱动,因而真相理性离不开价值理性;那么,价值认识以真相认识为必经环节,因此价值理性同样离不开真相理性。

前文说明了真相理性与价值理性两者之间,既有本质区别,又密切联系的原理。此原理具有重要的现实意义,起码有以下三点。

第一,有助于避免真相判断出错而导致价值判断出错。

众所周知,我们在认识对象的真相时,往往由于各种原因而出错。主观方面,主体的认知能力有局限性,例如孤陋寡闻、缺乏知识,导致很难弄清对象是怎么回事。最好笑又可悲的是,有的人竟然把梦境当真,因而做出荒唐之举。还有因身体有毛病而导致感官错觉或幻觉,大大歪曲对对象的真相认识。特别是严重精神病患者,对对象的真相认识有时达到十分离谱的地步。精神分裂症患者通常还会怀疑被人迫害或追杀,因而惶恐不安或暴躁行凶。所以,主体的认知能力直接影响到真相理性的真伪。

在客观方面,对象时常呈现假象,尤其在社会生活中会充满虚伪和欺骗。在这种情况下进行真相认知,就极易上当受骗。

由于上述主客观原因,作为价值认识第一个必经环节的真相认识,就不符合对象的本来面目,这样的真相理性的性质属伪,而不属真,即属错误的真相理性。而错误的真相理性必将直接影响价值判断:可能会把害错判为利,或者把利误认为害。广州白云山的树林中经常能见到一种白色伞形的很漂亮的野生蘑菇,有些喜爱采食野生蘑菇者见到后,往往大喜过望,立即采回食用。殊不知这是毒性极强的"白毒伞",误食往往会中毒身亡。如今山上到处竖立"白毒伞"警示牌,近来少见这种不幸事故的报道了。可见,作为价值认识第一个必经环节的真相认识倘若出错,有时会要人性命。因此,在评判价值对象于己有利抑或有害之前,确保对此对象之真相认识为真,乃是至关重要之前提。

第二，有助于克服真相理性与价值理性两者混淆之谬误。

这种混淆可能是无意的，也可能是有意的。无意者，是因过去并不明确真相理性与价值理性的区别，往往不先花工夫追究对象的本来面目、获取关于对象的真相认识，而只一厢情愿地从谋利抗害的自我需要出发，误以为对象符合自己的需要，或把自我需要强加到对象头上去。一旦付诸实践行动，才知纯属自作多情。例如，多情男子发现路遇美女对自己嫣然一笑，便以为是艳遇而蠢蠢欲动，把别人吓坏。又如到山上常会遇到一两只蜜蜂飞来跟前绕圈，似乎跟你玩"躲猫猫"，有的人误以为它要伤害自己而惊慌失措发出尖叫。这两个例子用精神唯物论的术语来讲，就叫作主体以价值理性取代或混同真相理性。

有意者，是故意把自我需要宣称为真相理性之真理。休谟在"休谟问题"中提到，所遇到的"每一个道德体系"总是突然从"是"跳到"应当"。这些道德体系在道德说教中，就是故意把价值理性等同于真相理性。在社会生活中，常见到人们把自己的价值观、价值理想称为真理，似乎真理都掌握在他手中。政治家为争取选票，总是把自己的观点和主张说成最充分、最彻底地代表民众利益，因而是最崇高、最伟大的真理。这种真理在学术界被称为"价值真理"。"价值真理"是否真的存在？笔者持怀疑态度。真理，应限于指称符合对象本来面目、在一定范围内适用的真相理性。真相理性以是否符合对象之真相为衡量标准，符合对象本来面目并在一定范围内适用的为真理，不符合则为谬误。因此，是否真理取决于是否符合对象之真相，而不以任何个人的意志为转移。价值观、价值理想则是主体对各种自我需要的综合和概括，随自我需要的发展变化而发展变化、亦即以自我需要为转移。人们以自己的价值观去评价价值对象，判断与对象的价值关系是利抑或害。可见，属于真相理性的真理，与属于价值理性的价值观、价值理想，这两者在根本上就是两码事。倘若人们的价值观、价值理想可成为真理，就会人人都有自己的真理，这样便会"真理"满天飞。

为何人们喜欢把自己的价值观称为真理？究其原因，很可能是为虚张声势，独占话语权。由于真理不以任何人意志为转移，故有强大力量；把自己的价值观、价值理想称为真理便显得居高临下、气势磅礴。此外，还可能出于一种普遍信念：凡真理都是崇高伟大的。其实，真理本身无所谓崇高不崇高、伟大不伟大，它只不过符合对象本来面目、具有一定普适性而已。例如"人不吃饭就会饿死"，虽属老生常谈却符合事实、具有一定普适性，故应算真理，但不见得它崇高伟大。至于"拿破仑死于1921年5月5日"，虽然符合事实，但不过是陈述个别事物的历史、不具普适性，就不能算作真理，崇高伟大就更谈不上了。任何人掌握真理，都可作为工具，用以谋利抗害。当真理助己成功地谋利抗害时，人们赞美真理伟大崇高，对真理表达感激之情，这也无可非议。然而，被某些人倍加赞颂的同一真理可能对另一些人有害，他们就不一定为之唱赞歌了。所以，真理其实与崇高伟大无关。总而言之，真理与价值是两码事；为避免和减少思维混乱，最好还是不提什么"价值真理"。

第三，有助于人类提高思维水平。三酱肠粉是广州美食点心之一，把三种酱混在一起做肠粉配料，一口下去满嘴生香。而人类三种理性也有如三酱，自古以来在人脑之中就被混在一起。这就是说，人类一直进行着"混酱"思维。理性指导和支配人类行为，而理性被弄成混酱，却不见得人类活不下去，似乎这种混酱吃起来也香喷喷的。然而，这毕竟是人类思维水平不高的证据之一。笔者年届古稀，发现70岁及以上的老者特别爱钻牛角尖。这些人阅历丰富，他们对历史事件、时政利弊常常各执一端，争得面红耳赤，而其意见分歧往往就是"混酱"。倘若我们把三种理性加以明确区分，将可大大提高洞察力，看穿许多笼统模糊或似是而非的说法；在探讨对象之真相时，就有可能自觉撇开个人好恶，做到客观分析。比如，咱们叫得最响的"实事求是"，其实从同一"实事"中可求得真相与价值这两种不同之"是"：真相之"是"系客观之是，它只有一个；价值之"是"系主体认同之是即主观之是，它因人而异。为克服此词之笼统，应具体化为"实事求真，各判价值"。又如，诡辩者常用"偷换概念""转换论题"手法，现在知道他们还自觉不自觉地运用"混酱"手法，对此就不去赘述了。倘若人类克服自古以来的"混酱思维"，普遍做到清晰区分自己的三大类理性，并在正确的真相理性之上决定自己的价值追求，必将大大减少荒谬的行为。

（五）技术理性简述

技术理性作为人类三大理性之一，其重要性不亚于价值理性和真相理性。然而，把它的位置排在价值理性和真相理性之后也无可非议，因为技术理性是价值理性和真相理性相结合的产物。

前已指明，所谓技术理性，是人类为满足认知和技术的需要，在真相理性的基础上创造的工具性或技术性的理性。人类具有理性使自己超越了动物界，尤其是三大理性中的技术理性更成为人类超越动物界的典型标志。黑格尔说："禽兽对于足以满足其需要之物，俯拾即是，不费气力。反之人对于足以满足其需要的手段，必须由他自己去制造培植。"⑥这里所说人类必须由自己制造的、用以满足自己需要的手段，便是技术理性（人脑之中观念形态的理性）以及技术理性物化而成的实物。马克思也说过："蜘蛛的活动与织工的活动相似，蜜蜂建筑蜂房的本领使人间的许多建筑师感到惭愧。但是，最蹩脚的建筑师从一开始就比最灵巧的蜜蜂高明的地方，是他在用蜂蜡建筑蜂房以前，已经在自己的头脑中把它建成了。劳动过程结束时得到的结果，在这个过程开始时就已经在劳动者的表象中存在着，即已经观念地存在着。"⑦在这里，建筑师之所以能够预先在头脑中建成观念形态的房子，是因为他掌握建筑方面的技术知识，而这种知识就属于技术理性。人类社会发展至今，创造了种类繁杂、不可胜数的技术理性。其中作为思维工具的语言、逻辑、数学即属技术理性，此外还有各式各样的应用技术，各式各样的计划、措施、手段，等等。政治领域的法律规章、兵法权术、统治术，经济活动中的生产技术、标准规范、货币、市场、营销策略、交易规则，社会生活中的各种艺术或技艺（表演、饮食、服装、美容、装饰、广告等），人际交往的拍马术、引诱术、诈骗术，迷信活动中的招魂术、通灵术、算命术、炼丹术，老师的教学方法，医生的医术，小偷的盗窃术，等等，莫不属于技术理性。

技术理性的主要特征有如下三点。

（1）它是真相理性与价值理性互相结合的产物，它必须以真相理性与价值理性作为原材料才能创造出来。因而，技术理性的依据和前提有两个，即真相理性与价值理性。这两个前提不可缺一，否则不可能产生技术理性。

（2）技术理性的任务是要满足主体的认知需要和工具需要，为主体的此种需要服务，因而技术理性具有认知价值和工具价值。主体将借助这种工具和技术，通过实践作用于外环境，把对象加以改造、重组，创造出原先自然界没有的事物以满足自我需要。这个创造过程便是技术理性的物化过程，由此形成了人工环境。人工创造物正是波普所强调的"世界三"。"世界三"作为技术理性的信息载体，凝结和沉淀着人类世世代代不断创造和发展的技术理性。在前面阐述精神唯物论的认识论时之所以强调外环境中的文化信息是最重要的认识来源，最主要的理由就在这里。

（3）技术理性具有双重性质。当技术理性与真相理性相联系时，将表现其真伪性质，即真相理性作为它的依据之一，使它产生是否符合其对象本来面目的问题。当技术理性与价值理性相联系时，将表现其利害性质，即价值理性作为它的另一依据，使它产生是否符合主体自我需要的问题。以马克思提到的建筑技术为例，建筑师在头脑里酝酿建筑方案所依据的真相理性，包括他对当地地理气候、地质、建筑材料等方面的了解，及其掌握的建筑学知识等。这些真相理性应符合对象本来面目，否则据之制定的建筑方案将在技术上不可行。譬如对地质状况的了解有误，可导致所设计的建筑物如同泥足巨人不堪一击。同时，又须符合业主对造价、使用功能乃至建筑风格等方面的要求，否则将有弊无利或弊大于利，不符合主体的需要（价值目标）。由于技术理性具有双重性质，便须进行双重评价，即真相（真与伪）和价值（利与害）两方面的评价。

以上关于人类三大理性的探讨，特别是关于真相理性与价值理性两者之间的区别和联系的阐述，就是对"休谟问题"的解答。

注释：

① 休谟：《人性论》，商务印书馆1980年版，第509页。
②《马克思恩格斯全集》第3卷，人民出版社1972年版，第326、514页。
③《马克思恩格斯选集》第4卷，人民出版社1972年版，第228页。
④ 转引自张书琛《西方价值哲学思想简史》，当代中国出版社1998年版，第13页。

⑤《马克思恩格斯全集》第 19 卷，人民出版社 1972 年版，第 406 页。
⑥ 黑格尔：《小逻辑》，商务印书馆 1980 年版，第 91 页。
⑦ 马克思：《资本论》第 1 卷（1867 年），见《马克思恩格斯全集》第 23 卷，人民出版社 1972 年版，第 202 页。

四、人生意义何在

哲学这门学问的最有趣部分就是关于人生意义的探讨。哲学这部分内容也许可以称为人生哲学。由于人生哲学与人们切身利益最贴近、最密切，所以对其有所了解终究是有益的。

然而，前文提到过，哲学应该像各门自然科学那样，只作为探讨对象之真相的真相理性，而不应该成为一种具体的价值观。作为哲学组成部分的人生哲学，也应该这样，应该只去探讨人们的价值观有何内容，如何形成，有哪些具体的价值追求，等等。这种探讨固然有助于人们更为恰当地树立自己的价值观，或更为恰当地进行价值选择，但其本身属于真相理性，而不属于某种具体的价值观。如果一种哲学主张人们应该信仰某种价值观，主张一个国家应该实行什么样的政策，主张一个社会应该追求什么样的社会理想，那么，它就不能算作哲学，而应算作政治理论。基于这种观点，后面所述只不过是探讨人生的本来面目。当人们认清人生的本来面目，自然就有助于自己选择和追求何种人生。

（一）价值观的组成

常言道，人生在世，无非是"日求三餐，夜求一宿"。这句话是过去物质匮乏年代流传下来的，到今天却不适用了。如今每个人的需要都五花八门、种类繁多，远远超过"三餐一宿"的简单追求。尤其是人们的精神需要和对精神价值的追求，更是五彩缤纷。而且，人们的各种需要似乎多多益善，显得贪得无厌，好似无底洞，永无止境。不信？那你夜里躺在床上安静下来时反思一下：为何自己头脑每时每刻如此这般地充斥着各种繁杂的需要？为何自己为满足这些需要而日复一日地、不知疲倦地奔波？

我们来来往往，忙忙碌碌，以至于一天下来，都不知忙了些什么，一年下来，都不知道干了些什么！

那么，让我们忙里偷闲，抽空梳理一下自己所有的各种需要和所追求的价值，进行综合整理，得出总的看法，弄清我们到底为何活在世上，究竟人生意义何在，从而清晰地建立自己价值观和人生观。一个人若能明确而清晰地建立自己的世界观和价值观、人生观，对于指导自己更好地度过一生，无疑具有莫大的好处。笔者自认这本书具有现实意义，就是有助于人们做到这一点。在前面阐明精神唯物论和人之本质的基础上，让我们进一步讨论有关建立价值观、人生观的若干事宜。

首先，让我们看看一个人的价值观有哪些主要的组成部分。

（1）人生观。这是对人生总的看法，包括：人究竟是怎么回事？人生意义何在？

（2）需要结构及主导需要。每个人都同时具有多种需要，每种需要都有其最高诉求和期望（即价值理想，每个人因同时具有多种需要，故可同时具有多种价值理想），但受现实环境及自身能力等条件所限，不可能一下子全部获得满足，故须对各种需要之间的轻重比例和先后缓急进行衡量、调整和确定，从而建立一个适合自己的需要结构。在需要结构中置于首要地位的一两种需要，是为主导需要，是主体做出任何行为时首先考虑的。其他需要将被依次排列其先后缓急和轻重比例。其实，每个人都会自觉或不自觉地建立自认为切合实际的需要结构。此后每当他的某种需要驱使他行动时，将根据自己当时的需要结构对这种需要先行评估，确定其急缓程度、分析其实现的可能性及后果，然后决定采取怎样的行动。

（3）价值标准。当一个人建立了人生观、需要结构，他将以此作为价值标准去衡量和评价对象之价值。每种需要所追求的价值理想属于未来目标，而需要结构则决定当前目标，因此，同一主体对同一对象可能作出不同的，甚至截然相反的两种以上的价值评价。

人生观、需要结构、价值标准，组成了一个人的价值观。而每个人的价值观并非一成不变，他将在人天交换、人际交换、人工交换、体内交换、脑内交换等不断进行的相互作用中，随时可能进行调整乃至重建。

（二）丰富多彩的需要与价值

在探讨如何建立人生观之前，让我们把现代社会人们丰富多彩的需要及其对应的价值进行总体的分类。这是一项颇有趣味的工作，实际上是从微观角度，把当今人类生活几乎面面俱到地考察和浏览一遍。此时就会发现，形形色色的需要是如此地充斥我们的日常生活，五彩缤纷的各种价值又是何等的惊艳迷人。

哲学和心理学中有各种各样的需要理论，都对人的各种需要进行分类。美国心理学家马斯洛于1943年提出了至今影响广泛的"需要层次论"，起初他把人的需要归纳为由下而上排列的五大层次：生理需要（包括饥、渴、性、睡眠、避热等）、安全需要（安全、保障、居住、免于恐惧）、归属和爱的需要（友谊、爱情、归属）、尊重的需要（成就、名誉、地位）、自我实现的需要（包括认知、审美、创造潜能的发挥）。后来，他又进一步概括出三大层次：第一层次是"基本需要"（包括生理需要、安全需要），第二层次分别是"心理需要"，第三层次是自我实现的需要。这里的第一层次就是生存需要。美国心理学家默里则认为，人除了具有基本需要（又称为身体能量的需要，涉及生理的满足，如对空气、水、食物、性等的需要），还有次级需要（又称为心理能量的需要，涉及精神上的满足）。这个次级需要可谓五花八门，他列举了如贬抑、成就、亲合、攻击、自主、对抗、防御、恭敬、支配、表现、躲避伤害、躲避羞辱、培育、秩序、游戏等20种需要。美国心理学家麦克莱兰则提出，当人在生理需要满足后，会产生成就需要、权力需要、合群需要。

笔者不打算采纳上述关于人类需要的分类方法，而根据自己的观察而把现代人们的需要和追求的价值，大体上概括为如下三大类十四小类。

第一大类，生存需要——生存价值，主要包括四小类。

（1）饮食需要——饮食价值。

（2）性需要——性价值。

（3）健康需要——健康价值。

（4）安全需要——安全价值。

第二大类，精神需要——→精神价值，主要包括六小类。
（1）爱的需要——→爱的价值（包括天伦之爱、情爱、友爱、博爱）。
（2）荣耀需要——→荣耀价值。
（3）道德需要——→道德价值（包括善良、公正、合理、正义）。
（4）刺激的需要——→刺激价值。
（5）审美需要——→审美价值（包括自然美、艺术美、生活美）。
（6）好奇需要——→奇异价值。
第三大类，综合需要——→综合价值，主要包括四小类。
（1）工具需要——→工具价值。
（2）自由需要——→自由价值。
（3）信仰需要——→信仰价值。
（4）幸福需要——→幸福价值。

第一大类生存需要及对应的生存价值，是人类最基本、最基础的需要和价值，主要包括饮食需要及饮食价值、性需要及性价值、健康需要及健康价值、安全需要及安全价值等四小类。而饮食需要与性需要同属生理需要，生理需要范围更广，还包括睡眠、呼吸、避寒热等需要，可见若把需要细分则远远超过这里所说的十四小类。

马克思和恩格斯说："人们为了能够'创造历史'必须能够生活。但是为了生活，首先就需要吃喝住穿以及其他一些东西。因此第一个历史活动就是生产满足这些需要的资料，即生产物质生活本身，而且这是这样的历史活动，一切历史的一种基本条件，人们单是为了能够生活就必须每日每时去完成它，现在和几千年前都是这样。"[①]恩格斯说："正如达尔文发现有机界的发展规律一样，马克思发现了人类历史的发展规律，即历来为繁茂芜杂的意识形态所掩盖着的一个简单事实：人们首先必须吃、喝、住、穿，然后才能从事政治、科学、艺术、宗教等等。"[②]当今哲学、心理学的各种需要理论，虽然对需要所作分类不同，但有共同之处，就是一致确认人首先必须维持生存、都有维持生存的基本需要。这是毋庸置疑、不可否认的。人们出于生存需要而追求生存价值，满足了生存需要，做到丰衣足食，则可保健康安全、生生不息；倘若不能满足生存需要，缺吃少穿，则将饥寒交迫、贫病交加直至丧命。而没了生命，则一切都无从谈起,这是明摆着的道理。生存需要的特点:一是它们伴随主体终生。二是它们获得满足之后只是暂时退隐或潜藏,但却不会消失,而是周期性地起伏和消长(完全消失则表明主体死亡)。

第二大类精神需要及对应的精神价值,主要包括爱的需要及爱的价值、荣耀需要及荣耀价值、道德需要及道德价值、刺激需要及刺激价值、审美需要及审美价值、好奇需要及奇异价值六小类。精神需要及精神价值是人类超越动物界的典型标志。恩格斯说过:"人来源于动物界这一事实已经决定人永远不能完全摆脱兽性,所以问题永远只能在于摆脱得多些或少些,在于兽性或人性的程度上的差异。"[3]如果只从趋利避害生物本能的层次上讲,人与一般动物并无差异,同样都具有生命活动的本能,如饮食、睡眠、呼吸、性、避寒热、避伤害等,这些本能就是兽性。然而,人之所以超越一般动物,是因其幼年起就会在与内外环境的相互作用中把自己的兽性提升为理性。当然,人脑以饮食、睡眠、呼吸、性、避寒热、避伤害等生命本能为信息原料而制成的各种生存需要意识,离一般生物的兽性并不太远。而人的各种精神需要则远远超越动物界,与生物本能或兽性完全无关。

生存需要及生存价值区别于精神需要及精神价值,就在于前者起到维持生存的作用,而后者则不能维持生存。精神需要及精神价值少一点甚至全无,均死不了人。精神需要及价值必须建立在生存需要及价值之上,正如皮是毛的基础,皮之不存,毛将焉附?又好似一幢高楼,地面以下是基础,没有这个基础就不可能盖起上层建筑。然而,精神需要及精神价值,却令人类大大地丰富了生活内容、大大地提高了生命质量。例如,娱乐的有无、爱的厚薄、道德的高低、荣耀的得失,等等,虽不能解决人的温饱,正所谓"寒不能衣,饥不能食",缺这些东西并不会死人;但是人们可以为追求某种精神价值而神魂颠倒、若痴若狂。这样看来,假如把人的生存需要称为实利需要,相应地把精神需要称为虚利需要,亦无不可。因为人的生存需要所趋的生存之利,都是实实在在的、与生命息息相关的;而精神需要所趋的精神之利,却是虚而不实的,无非是增添了精神上的快乐和愉悦。然而,"人是需要一点精神的",正是具备了精神需要才更充分体现了人性。而具备的精神需要越多、越丰富,则摆脱兽性越多、超越动物界越远。

第三大类综合需要及价值，主要包括工具需要及工具价值、自由需要及自由价值、信仰需要及信仰价值、幸福需要及幸福价值四小类。其共同特点是：不只跟个别或少数的其他需要相结合，而是与所有的其他需要相结合，所有的其他需要都离不开它们。它们渗透、融合于所有的其他需要之中，分别对其他各种需要起到推动或统率的作用。因是综合性的需要，故内容特别丰富，各种综合价值如影随形地紧跟我们、影响和支配着我们的整个人生。

我们已经知道，人类的本性是在理性支配下谋利抗害。现在又进一步明确，支配人们谋利抗害的理性，主要就是价值理性中的自我需要意识。因此，人类的本性也就是在自我需要意识支配下谋利抗害。

我们也已知道，人类在理性支配下谋利抗害的本性，正是人类行为驱动力的根源。既然人类是在理性（主要是自我需要意识）支配下谋利抗害，因此也可直接把自我需要意识当作人们行为的驱动力。人类所有的各种需要，包括以上所列主要的三大类十四小类需要，无一不是驱动主体追求相应价值的动力。

在后文第五、六、七部分，将把以上三大类十四小类需要及价值逐一加以描述。在你建构自己的需要结构时，可像翻阅图文并茂的菜谱那样，从中选取你所喜爱的美食。

（三）人生观的建立

人生观，这是对人生总的看法，包括两个方面：第一，人究竟是怎么回事？第二，人生意义何在？这样说来，人生观与价值观这两个概念既有相通，又有区别。两者相通之处是都包括了人生意义，两者区别在于：人生观除了包含人生意义（属于价值理性），还包含关于人是何物的真相理性；价值观则只指价值理性，其中包括需要结构、价值标准及人生意义。

先说人生观的第一个方面：人究竟是怎么回事？这正是下篇开头就提到的叔本华问题——"我是谁？"人生观与世界观密切相关，有什么样的世界观就有什么样的人生观。因此，确立人生观必须首先确立世界观，然后依据世界观去理解人究竟是怎么回事。

　　对于人之本质为何、人究竟是怎么回事，笔者依据精神唯物论所作的解答是：人是理性动物，人类精神是存在于人脑之中、与人脑有限同一的现象类物质。此解答属于真相理性，是对事物本来面目的认识。笔者认为这个答案符合人类之本来面目，是正确的答案。建议读者采纳。当然，笔者无权强制你采纳。你若坚拒，甚至嗤之以鼻，而硬要信奉和坚持谬误的唯心论，那也没办法。其实，唯心论世界观尽管是荒谬的，他们并不是全部人都干坏事，有的反而尽干善事。他们有的笃信天堂地狱和生命轮回，为避免死后灵魂投胎做猪做狗，而积极行善，修桥铺路，施舍穷人，等等。这些还是挺好的。

　　再说第二个方面，人为何活着，人生意义何在？对此，笔者就不提任何建议了。主要原因是，人生意义这种东西根本就没有统一标准，没有任何人跟别人完全相同，都是各自理解、各有主张。只不过，本书提供了可资参考的思路及资讯。前面已将当今人们的需要和价值追求概括为三大类十四小类，你可从中选择自己所喜爱的价值，作为自己的主导需要或人生理想。而综合价值中有两种价值统辖了全部的人生意义，这便是信仰价值和幸福价值。一个人不管有怎样繁杂多样的价值追求或价值理想，譬如追求审美、荣耀、刺激，等等，终究都要归这两种综合价值统管。可以说，信仰与幸福，便是人生意义所在。

（四）需要结构的建立、主导需要的选择

　　建立需要结构，这是主体建立价值观的重要环节。一个人在建立自己需要结构的过程中，将选择其中一两种需要作为主导需要。

　　（1）在需要结构中，生存需要是主体的基本需要，不可或缺。人生的一个重要任务，是起码要做到有能力养活自己、维持生存，进一步的要求是养家活口、传宗接代。这些都属于人的生存需要，而其指向的价值则是生存价值。

　　（2）在需要结构中，信仰需要及价值和幸福需要及价值这两种综合需要及价值，不论是否充当主导需要，都对其他需要起统率作用。因为这

两种需要及价值等同于人生在世的全部意义。其他的两种综合需要，即自由需要和工具需要，也将贯穿整个人生过程。

（3）在需要结构中，在一般情况下，有两种精神需要即爱的需要、道德需要，都占有重要位置。至于其他几种精神需要，则各人有自己的偏爱和选择。

（4）在需要结构中，主体将自觉或不自觉地从诸多需要之中任意择其一两种作为主导需要。所谓主导需要，就是在主体的需要结构中占主导地位的、作为支配主体行为之主要驱动力的需要，它所指向的可能成为主体长期乃至终生为之奋斗的价值理想。

生存需要作为基本需要，是否必定成为主导需要？各种精神需要阙如并不会死人，是否就不能作为主导需要？答案是否定的，事实上各人都是根据自己的具体情况和爱好而作出选择和取舍。人生在世，各人的身世家庭和社会环境可能大不相同，因此各人的生存需要就可能大不相同。在主体所追求的生存价值严重匮乏的情况下，主体可能把追求生存需要的满足作为压倒一切的主导需要。此时人们就会"发穷恶"，不顾一切地去寻求能够维持生存的食物。如在封建社会兵荒马乱、饿殍遍野的时代，农民总会揭竿而起，逼上梁山，饿死不如战死。此时诸如娱乐需要、审美需要之类精神需要就被撇到一边去了。而当生存需要能够长期稳定地得到满足时，它就会不露声色、退居幕后，让别的需要上台担任主角。众多的精神需要虽然不决定人的生死存亡，但也可能在主体的需要结构中占主导地位，成为主体行为之主要驱动力，从而成为主导需要。一个人一旦确定了主导需要，其需要结构中的其他需要就会退居次要地位，一些次要的需要甚至被搁置或撤销。

主导需要的选择，对于人生具有特别重要的意义。每个人都有自己独特的选择。正是由于各人对于主导需要的选择不尽相同，所以芸芸众生各有精彩。有的人一生过得有滋有味、有声有色，有的人一生过得索然无味、沉闷无聊，这与个人选择了何种主导需要有很大关系，尤其与个人有无选择某种精神需要作为主导需要有很大关系。一个人若一辈子缺乏精神需要，更谈不上以精神需要作为主导需要，那么他就必定兽性多于人性。那些横行乡里的地痞恶棍，那些好吃懒做的寄生虫，那些自暴自弃的可怜虫，都是如此。

综上所述，一个人的需要结构，在一般情况下起码包括四种生存需要、四种综合需要、两种精神需要（爱的需要和道德需要），共计十种之多。如果再添一两种甚至更多的精神需要，便可能超过十种。如果有人不信，自认为生活简单、要求不多，那就请认真梳理一下自己的需要结构，将会知道笔者所言非虚，将会发现很多东西都不能少。

（五）各种需要的融合、需要结构的调整

马斯洛的"需要层次论"认为，各层次的需要由低级到高级依次发生，只有低级需要基本满足之后才会出现高一级的需要。例如，生理需要满足之后才产生安全需要，安全需要满足之后才产生爱的需要；依次类推，最后才产生自我实现的需要。据此，他把生理需要、安全需要、归属和爱的需要、尊重需要、认知需要、审美需要、自我实现的需要，依据先后发生的次序而由低到高地排列成一座金字塔那样的"需要塔"。这样一来，似乎这种由低到高的"需要层次塔"就成为一成不变的固定模式，似乎低一层次需要尚未满足的情况下高一层次需要就不可能发生。这显然不符合事实。虽然必须先有人的生命然后才会产生各种精神需要，但是，这种先后发生的次序只属于发生学的历时性，只具有发生学意义。而精神需要一旦发生，就成为主体的需要结构的组成部分，此时各种需要在需要结构中就成为共时性的存在了。在需要结构中共存，就不再是单向派生的因果关系，而是相互作用、互为因果的关系了。

需要结构在相互作用论的模式中，各种需要可能互相渗透、并行不悖。在现实中人们单纯只受一种需要支配的情形极其罕见，一般情况下都由多种需要共同驱动，只不过其中某种需要为主导而已。例如，某种生理需要可以结合各种精神需要，渗透或融汇其中；反过来，精神需要之中的审美需要、道德需要、刺激需要、好奇需要、荣耀需要等，都可分别渗透、结合到饮食需要或者性需要之中。正是由于不同需要之间互相渗透和融合，才使得人们的生活五彩纷呈，丰富多样。

需要结构在互相作用论的模式中，各种需要又经常发生彼此消长。也

就是说，此时可能某些需要潜伏、消沉，而某些需要则涌起、高涨。当高涨的需要获得满足之后，又可能消沉或退隐，而原先消沉的某些需要又可能高涨起来。各种需要也经常发生矛盾和冲突。鱼与熊掌皆吾所欲，二者不可兼得，奈何？"舍鱼而取熊掌者也。"在上述的情况下，都必须对需要结构进行调整，而这种调整完全以主体的主观意志转移。于是，原有的某种需要可能被撤消，而代之以新发生的需要；原来的主导需要可能被别的需要所取代；原来排列的轻重比例和先后缓急顺序可能被重新安排。在现实中经常可见到这种调整需要结构的情况，比如一个贫寒出身的人，起初可能只求温饱；后经奋斗事业成功、衣食无忧，就可能把过去向往却遥不可及的某些精神需要和价值理想付诸实施。

注释：

① 《德意志意识形态》，见《马克思恩格斯选集》第 1 卷，人民出版社 1972 年版，第 79 页。
② 《马克思恩格斯选集》第 3 卷，人民出版社 1972 年版，第 574 页。
③ 《马克思恩格斯选集》第 3 卷，人民出版社 1972 年版，第 140 页。

五、生存价值综述

笔者通过平时留意观察和搜集，归纳了三大类十四小类的需要及价值。这只是择其要者而述之，若把人的需要尽量细分，能分几百上千类。人的需要有普遍化、大众化、小众化之分：普遍化基本上是人人有之，大众化是大多数人有之，小众化是少数人有之。下面将要描述的十四类就是普遍化和大众化的，而各种千奇百怪的痴癖或嗜好就属小众化，在此不去专门探讨了。

本书从这里开始的余下篇幅，全部用于分析和描述这十四类需要及价值。虽然只是现象的罗列和描述，但是贯穿了精神唯物论的原理和观点。也就是说，所罗列的这些现象，都经过精神唯物论的梳理和分析。因此，尽管看到的是每天发生在自己身上或者耳闻目睹的现象，但都将令人感到既熟悉，又诧异。而且，呈现在人们面前的，犹如走进极尽豪华的自助餐大厅，只见五光十色的无数美食。其中既有山珍海味，又有健康粗粮；既有中华传统的丰盛佳肴，又有世界各国的奇异糕点。凡所应有，无所不有，供人们随意选择享用并收入囊中。

现从第一大类生存需要说起。生存需要是人类最基本、最基础的需要，生存需要所指向的生存价值则是人类所追求的最基础的价值。生存需要和生存价值的最重要特征，归结为一句话：少了它就会死人！生存需要与生存价值大体分成四小类，饮食需要与饮食价值、性需要与性价值、健康需要与健康价值、安全需要与安全价值。

（一）饮食需要与饮食价值

人类有多种生理需要，包括饮食、睡眠、呼吸、性、防寒避暑等，都属于人类的生存需要。其中，饮食需要是最重要的生存需要之一。饮食需要指向的价值对象主要是食物和水，因而食物和水于我们具有饮食价值。

相对而言，水对于人的生命更显得重要。人在饮水条件下，不吃食物能活两三个月；而在无饮水条件下，气温36℃时只能活3天，16℃~23℃时至多能活10天。地球表面70.8%的面积为水所覆盖，大自然馈赠的水资源可谓取之不尽、用之不竭。然而，地球总水量之中只有0.26%可供人类利用，又因当今人类造成的污染，导致水已成为稀缺资源，使水更附加了典型的奇货价值。出于这个原因，故把水的价值放到后面结合奇货价值予以描述，这里主要讲食物的价值。

在食物匮乏的情况下，饮食需要在人的需要结构中必定成为主导需要。古人云，"民以食为天"。又有俗语云，"宁可饱死，不做饿鬼"。人类社会发展史上所有的奴隶起义、农民起义，其直接原因就是饥饿。统治阶级残酷压榨劳动人民，"剥我身上衣，夺我口中粟"，"朱门酒肉臭，路有冻死骨"，造成民不聊生、饿殍遍野，此时"民不畏死，奈何以死惧之？"于是逼上梁山，揭竿起义。从中国历史上看，凡封建王朝开国皇帝若能吸取前朝教训，实施若干政策，令民众解决吃饭问题，就可带来太平盛世。对中国这个世界上人口最多的大国来说，这可算一个最重要的历史教训和经验。

人类由于身体的新陈代谢，各种生理需要多具有周期性。而饮食需要的周期性表现为每天都须进食、饮水，否则饥渴难忍。如果长期食不果腹，饮食需要将成为主导需要。马斯洛指出，饮食需要在一切需要中无疑是最基础或最优先的。一个处于长期或极度饥饿状态的人，除了食物没有别的兴趣，他渴望的只是食物，他梦到的也会是食物，充饥会成为独一无二的目标。他对未来的看法甚至也会改变：他的理想境界可能就是食物的丰富，在他的有生之年只要有食物保证，他便是幸福的。[①]情况的确如此。然而，一个长期以来丰衣足食、从未尝过饥饿滋味的人，则可能低估自己的饮食需要，把食物看作很次要的、再平常不过的事。中国人把这称为"身在福中不知福"，只有当他陷于饥寒交迫的逆境，才会重估食物的重要性。

当饮食需要和价值与其他需要和价值相结合之时，将呈现各种有趣的饮食文化现象。最明显的是与审美需要和价值相结合，从而使饮食价值附加生活美的价值。每当人们丰衣足食时，就开始讲究饮食。中国饮食文化的历史最悠久，是世界上公认的烹饪王国。孙中山先生在《建国方略》中专列一章论我国饮食。他说："我中国近代文明进化，事事皆落人之后，惟饮食一道之进步，至今尚为文明各国所不及。"饮食文化的精髓在于美味的追求，即"食以味为先"。讲求美味，正是一种重要的生活美。正如孙中山说的："夫悦目之画，悦耳之音，皆为美术，而悦口之味，何独不然？是烹调者，亦美术之一道也。""吃香的（肉）喝辣的（酒）"在食物匮乏年代就是人们梦寐以求的一种生活美。

如今，饮食需要和价值与荣耀需要和价值的结合更显得日益密切。广州酒家曾于1993年用24K黄金制成的金箔，烹制纯金刺身宴、黄金鲍鱼翅宴。宴席上金光灿灿的金箔令满屋生辉，请吃者面上有光，吃请者则备感荣幸、终生难忘。此宴每席8万～10万元，推出后1个月内售出100多席，因当时社会诸多责难就偃锣息鼓了。其实，日本人用黄金制作菜肴、糕点、面条等食物早已有之，广州酒家用的万分之一毫米厚的食用金箔就是高价从日本进口的。中国如今有的暴发户没有别的好愁，最愁的是饭馆酒家做不出几十万元一桌的酒席。时下，聪明的饮食业老板往往能够迎合大富豪的需要，从而赚大钱。

怀旧是一种爱和归属的情感，把饮食价值与怀旧价值相结合是一大发明。北京有个"老插酒家"，墙壁悬挂犁锄镰刀和"广阔天地，大有作为"之类的标语，喇叭播放"文革"老歌，服务员身穿绿色军装、手捧"红宝书"贴于胸前，厅房装饰成窑洞或草棚，等等。这是为了吸引当年的北京300万下乡知青，果然生意兴隆，食客触景生情、又哭又笑，整个身心沉浸于当年上山下乡、"接受贫下中农再教育"和战天斗地的回忆中。

饮食需要还可跟很多其他种类的需要相结合，例如跟奇货需要结合，即追求稀奇古怪的食物。印度人吃蜈蚣、蚱蜢，希腊人吃蝉，墨西哥人吃苍蝇、臭虫、蜻蜓、蝴蝶等50多种昆虫，澳大利亚人吃飞蛾，美国人吃蚯蚓，瑞典人吃蝇蛆，等等。中国最有名的是"吃在广州"，有个说法是广州人"不吃该吃的，专吃不该吃的"，"四条腿的除了凳子外都吃"。不单只吃北方人闻之失色的蛇和狗肉,而且把蟾蜍、蝙蝠等丑陋的东西也摆上宴席,据称还可清热解毒、滋阴壮阳,即具有健康价值。韩国则流行生吃尿味发酵鱼,吃后全身散发极其难闻的尿味。该鱼在韩国年销量高达1.1万吨。还有把饮食价值与刺激价值相结合的,如德国柏林的厕所餐馆,让客人坐在马桶上用餐,用粪勺、厕刷做餐具,以痰盂盛食物,服务员装扮成清粪工人,背景音乐播放冲厕的水声。又如印度的一间墓地餐馆,让食客坐在坟墓和棺材旁用餐,生意却特别好。

既然吃个饭可以弄出那么多的花样,我们何不在这方面多费点心思,让自己除了填饱肚子之外,额外增添一点情趣?譬如学会烹调几样美食,让全家老小品尝,岂不其乐融融?

(二) 性的需要与性的价值

人类作为一种有性繁殖的生物,具有性本能。在正常情况下,性指向异性。性器官向人脑输入性本能的信息原料,而人脑则将这些信息原料加工为性需要意识。虽然缺乏性不会死人,但会极大地影响人的身心健康,并且有性繁殖是人类延续物种的自然方式,所以性需要应列为一种生存需要。

性需要和价值与饮食需要和价值这两者之间,说来存在很有趣的区别。首先,人不性交不至于死,不吃饭却是要命的。古人云,"食色性也"。"色"在"食"之后,说明古人知道两者虽然同为天性,但食比色更要紧。其次是需求频率不同,性交比吃饭的频次少多了。吃饭是天下通行一日三餐,而性交则一般三日一次。而且,必要时吃饭可以每天少食多餐,性交就难以做到。据2000年杜蕾斯全球性调查(调查对象为27国18000人,16~55岁男女各半),全球人士性生活次数平均每年96次,即1次/3.8天。其中美国人最多(132次/年),平均不到3天一次;日本人最少(37次/年),平均近10天才一次;中国人倒数第三(69次/年),平均约5天一次。这些数据表明,若想性交像吃饭那样每日多餐,恐怕超人或性亢奋患者才能做到。最后,饮食可以独自享用,而性则因受到人际环境的强大制约而无法随心所欲地获得满足。性价值是第一种须经人际交换方能实现的价值，正常情况下须与异性交配方能满足性需要和实现性价值。因此，性需要难免要受异性（性价值对象）方面因素的限制，但更重要的还在于社会环境的限制。每个人生活在社会群体之中，如果缺乏社会对性行为的限制，男性就会像猴王那样随意强奸女性，并为争夺女性而殊死搏斗。人类做到以理性的办法调节行为，从而超越了自然选择的生物进化规律。随着原始社会进入到文明社会，婚配制度由群婚乱交转变为配偶婚姻。人类还很早就懂得近亲婚配"其繁不蕃"，为此加以禁止。建立在配偶婚姻基础上的家庭，成为进行人口生产和物资生产的社会细胞。统治者制定和实施相关的法律和道德规范，维护一定形式的婚姻和家庭制度，从而保障统治者自身利益及保持社会秩序。可见，在社会环境制约下，人们的性需要不能不受到限制和约束。

性需要受限，搞得不好会导致某些神经症。弗洛伊德主义用性本能解释人类的一切行为，认为性本能的驱力"力必多"如果受到抑制，就成为致病的潜意识或无意识，使人罹患精神疾病。实际上，各种神经症，诸如抑郁症、强迫症、焦虑症、恐惧症，等等，固然都由严重的内心冲突引起，而引起内心冲突的原因则是多种多样的；性本能受抑制只是其中一种可能的原因，弗洛伊德却认定为唯一原因，这就过分夸大了性本能。人们公认其学说的最大贡献，乃是揭示了潜意识的作用。弗洛伊德创造的精神分析治疗法即自由联想法在实践中行之有效，就是通过引导患者自由联想而把受抑制的性本能潜意识挖掘和释放出来，引导其"升华"或"转移"，从而克服神经症。这一贡献，似乎说明现代医学治疗神经症的各种办法中，除了药物治疗、行为疗法之外，最好的办法还是以理性克服非理性的认知疗法，即引导患者把致病的非理性（潜意识）挖掘出来，再以理性克服之。所谓"升华"，即是使患者将致病的非理性（生理本能和潜意识）转变为价值理性（某种精神需要）；所谓"转移"，即是令患者自觉调整需要结构、转换主导需要，达到从神经症的状态中超脱出来。

但是，还有各种叫作"性心理障碍"的性倒错或性变态，却不一定因为性本能受限。有研究者认为可能存在基因异常等器质性病因，但至今未能确认。可以肯定的是与特殊经历和境遇有关。易性癖患者自幼在不正常的人际环境中颠倒了对自身的性别认同，为此痛苦不堪、强烈要求做易性手术。各种性变态则通过异乎寻常的变态方式求得性满足，往往是有了第一次性变态行为之后，形成心理定势和行为模式，形成怪癖，就像偶然吸食毒品之后染上了毒瘾。部分性倒错或性变态患者，对其行为显然意识清醒，可说是明知故犯，故其病因不属于非理性的潜意识，单靠弗洛伊德的自由联想法肯定解决不了问题。这类性心理障碍的要害，在于把性需要作为压倒一切的主导需要，为了追求倒错或变态的性满足而不顾一切。其实性需要并非人的唯一需要，而是有繁杂多样的需要，并且总有其中一种作为主导需要。所以，关键在于主导需要的根本转变。若能以别的需要取代这种变态性需要作为主导需要，必可消除这种性变态。

至于同性恋算不算变态？如今同性恋人数之多达到惊人程度，世界公认的一个数据是同性恋占总人口4%～6%，据此中国内地的同性恋总人数可能超过4000万人。当今很多西方国家以开明和宽容的态度接纳同性恋现象，有的已施行承认同性恋婚姻合法的相关法律。而中国在2001年4月出版发行的《中国精神障碍分类与诊断标准》中也不再把同性恋统划为病态。所以称同性恋为"变态"就不对了，社会科学家说这是中国社会的一个进步。尽管如此，仍可肯定同性恋者大脑有异常之处。瑞典卡罗琳学院的一个科研小组在2008年发现，同性恋者左右大脑的对称性以及某些神经连接方式与普通人不同，也就是男脑女性化、女脑男性化。这种异常根源何在？如何预防？有无必要纠正？若予纠正会否难度过大而得不偿失？这些都是今后脑科学发展到相当高的水平时，才会摆上议事日程的问题。

其实，人若终生不性交，并不因性饥渴而死。现实生活中可见到各种各样的禁欲者。他们的禁欲，有的暂时、有的终生，有的主动、有的被迫，不管何种情况均不会因此致死。只是由于情况不同，对个体造成的影响也就不同。有的因客观环境所迫而禁欲，长期乃至终生因性抑制而痛苦不堪，这就有可能导致神经症或人格改变。有的以坚强意志主动禁欲，以别的需要作为主导需要，践行非同寻常的特殊生活方式，从而做到把注意力从性需要方面移开。这种意志坚强者不仅不会发生性变态，而且可做到终生放弃性价值、保持"童子身"。如某些虔诚的宗教信徒，在信仰需要主导下过苦行僧生活，严格遵守清规戒律，做到坐怀不乱、不越雷池一步。我国旧社会在广东珠三角一带的"自梳女"出于生存需要（家庭贫困）和自由需要（反封建礼教），举行"梳起"仪式（将发型梳成发髻）以示终身不嫁，实行独身的生活方式。这些例子说明，在强大的主导需要支配下，性需要和性价值可取消而不至于发生性变态或人格改变。

性需要和性价值可与许多其他需要和价值相结合。婚姻便是建立在性价值之基础上的，与人口繁衍的生存价值、物资生产的工具价值、欣赏人体的审美价值、温情脉脉的爱情价值等多种其他价值相结合的经典形式。其中与爱情价值的结合最紧密。后者以前者为基础，爱情若缺乏性的基础，便犹如没有根的云彩容易在空中随风飘荡以至消散。然而，两者并不等同：前者属于生理需要和价值，后者属于精神需要和价值。爱情可以成为压倒一切的主导需要，在极端情况下可以只有爱而没有性。恩格斯说，"现代的性爱，同单纯的性欲，同古代的爱，是根本不同的"，"如果说只有以爱情为基础的婚姻才是合乎道德的，那末也只有继续保持爱情的婚姻才合乎道德"。[②]可见恩格斯也主张以爱情为婚姻的主导需要。

与性价值结合最紧密的，其次要算工具价值。性交易便是卖方把性价值当作换取金钱的工具，买方则以金钱作为换取性价值的工具，双方假借金钱这种具有典型工具价值的中介进行价值交换。各个国家都存在公开合法或地下的"性产业"。性交易卖方的职业化竟可达"灵与肉分离"的程度。

性快感令人如痴如醉、欲仙欲死，比满足饮食需要、享受美食有过之而无不及。性需要与价值如此重要，就应好好享受和珍惜。最好避免上述那些走火入魔式的非正常性行为，因其显然给人带来更多的是痛苦而非快乐。

（三）健康需要与健康价值

健康需要即是祛除疾病、使身体机能保持正常的需要。人们之所以把许多种类的微生物称为病菌、病毒，是因它们会给人体制造疾病，是人类的天敌，对人类健康具有负价值。人类的其他各种需要，如生存需要中的生理需要和安全需要，精神需要中的爱的需要、荣耀需要等，综合需要中的自由需要等，如果得不到满足以至遭受损害，都有可能影响健康，即给主体带来负价值。反过来，凡有利于人类祛病保健的事物则有健康价值，即是健康需要的价值对象，包括良医、医药、医术、合理营养、适当运动、良好情绪等。

当代的健康概念不仅指身体安康无恙，而且指精神状态良好，世界卫生组织为健康下的新定义是"不仅是没有疾病和虚弱，而且在身体上、心理上和社会适应能力上处于良好状态"。这种观念越来越被人们广泛接受。我国目前已经或即将进入老年社会，现今退休老人很懂得保持心理健康的重要性，多数人不再像过去的退休老人那样，因为无聊郁闷诱发疾病而匆匆辞世，而是满天下游走，积极开展各式各样有益身心的活动。当今最时尚的，并且闻名全世界的，就是中国大妈跳广场舞。胸怀旷达的老人高度概括了保持健康的经验，叫作"一个中心两个基本点"：以健康为中心，看开一点、潇洒一点。这种看破人生、享受晚年的态度，确实有助于延年益寿。

健康价值是一种重要的生存价值，是主体为实现任何价值理想而进行任何价值实践的先决条件。在中国过去的红色年代里，人们喜欢说"身体是革命的本钱"。这句话应算真理，一个人若失去健康，就将严重阻碍他对一切价值的追求。

现代社会市场经济高度发展，以追逐金钱这种交换工具为压倒一切的主导需要。于是，人际关系的领域逐渐受金钱关系所统治，即其他一切人际关系均由金钱关系支配或决定。这样一来，直接损害了人们其他方面的需要和价值，一个典型例子就是对健康需要和价值的损害。自古以来，由于人类共同的健康需要，把救死扶伤作为一致推崇的医学道德价值，要求从医者以这种职业道德作为自己的主导需要。于是，中国医学界有了世代相传的"悬壶济世"，西方医学界有了世代相传的"希波克拉底誓言"。但是如今实行医疗市场化，部分从医者以自己的工具需要（金钱）置于此种道德价值之上，即把人类共同需要的健康价值当作价值交换的工具。其违反医学职业道德的表现可达到令人匪夷所思的地步，诸如多开处方、过度检查、过度治疗，等等，这可以说是医患关系紧张的主要原因，具体就不多说了。据西方传说，上帝看到人类受病痛折磨于心不忍，就派白衣天使降临人间救死扶伤。如今金钱魔杖居然能令白衣天使摇身一变而成白衣恶魔，什么悬壶济世，什么"希波克拉底誓言"，都被"捉住老鼠才算好猫"所取代。著名的中国工程院院士、呼吸病专家钟南山一直主张公立医院公益化。倘若继续实行医疗市场化，医疗改革可能永远不会成功。

（四）安全需要与安全价值

人类如同其他生物，从生到死的整个生命过程中都有可能遭遇某些危险的环境因素，受其侵害，造成重大损失乃至丧命。因此，人类如同任何生物，终生都在不停地趋安避危、趋吉避凶，集中地体现了人类趋利避害的生物本性。

婴儿刚刚出生就呱呱大哭，这是他经历的第一次环境改变，即由母亲的子宫来到了陌生的世界。他大哭是表示不舒服、很害怕，从这一刻开始，安全需要就将伴随他一辈子。马斯洛提出，"通过对婴儿和儿童的观察来了解安全需要，也许会更加有效，因为在婴儿和儿童身上，这些需要表现得更简单、更明显。当婴儿受到恐吓和处于危险之中时，它们的反应总表露在外，毫不抑制，而社会上的成年人都已经学会不惜一切代价使自己的反应不显露出来"③。情况确实如此，婴儿最依恋的是母亲的怀抱，不但提供甜美的乳汁，而且温暖、舒适而安全。婴儿饿了会哭、不舒服会哭，还有就是置身陌生环境时惊恐啼哭。而当幼儿稍微懂事之后，"家庭内部出现争吵、打架、夫妻分居、离婚或死亡，可能会使小孩感到特别恐惧"③。所以，安全需要是从小就产生，并不是饮食等生理需要满足之后才出现。

人的安全需要，就是追求安全、规避危险的意识。凡能满足主体安全需要的对象即有安全价值（安、吉），凡危害主体安全的对象即有危险的负价值（危、凶）。

不管人们对危险的环境因素如何厌恶、抗争，不管人们如何不停地趋安避危、趋吉避凶，但欲加以杜绝却不可能。生命注定与危险相伴。这是因为，一方面，危险的环境因素客观存在，你不去惹它，它却可能找上门来，躲也躲不掉。另一方面，凡价值实践均伴随风险。人有各式各样的需要，总要追求需要的满足，即追求价值的实现。而凡欲实现某种价值，均需经过价值实践；一旦开始实践，立即面临某些危险因素。人不能因噎废食，不能因有危险就不去追求各种价值。由于生命注定与危险相伴，在价值实践中就需评估风险概率，权衡一下是否值得冒险。一般情况下的价值实践，只要遵守常规就可保证平安顺利，或风险不大并可采取种种手段加以控制，那么该做的还是要去做。有时为追求某种孜孜以求的价值，尽管风险巨大，但是不入虎穴，焉得虎子，所以明知山有虎而偏向虎山行。

归结起来，撇开主观因素不论，危险因素来自自然环境、人工环境、人际环境三个方面。自然环境方面，主要是不可抗拒的自然力量。地震、火山爆发、飓风、洪涝、干旱等，都是不请自来的致人死地的危险因素。还有就是在人天交换过程中不慎失事，如游泳溺死、登山摔死、迷陷沙漠酷热干渴而死，等等。人工环境方面，人类所创造的每一种工具都伴随对人类的生命威胁，如用火不慎而致火灾，刀斧等利器可伤人致死，煤气可致中毒，电气设备可致触电或短路燃烧，交通工具可致翻车、沉船、空难，机器设备发生意外事故而致人死伤，等等。还有就是在人类利用越来越强大的工具去征服自然，掠夺资源，破坏和污染环境，令土地沙漠化、地球变暖、气候异常、物种灭绝、生态失衡；经人为破坏和改变的大自然，反过来报复人类，让人类慢性中毒、绝症暴增。人际环境方面，直接夺人生命的是凶杀、战争，而更令人丧失安全感的因素却来自人际竞争。

在现代商品社会中，三方面的威胁互相交织，而人际竞争的威胁尤其险恶。自然界的灾难，已因人类科技日益发达、不断加强抵御力量，可把损失减少到最低限度。人工环境则由人控制，其危险性只因人际竞争而酿成。所以，过去曾经给人类带来最大威胁的自然灾难，到现代已让位于人际竞争。过去农业社会时期生产力水平低下，人们靠天吃饭，向老天爷祈求风调雨顺、五谷丰登，无奈随时会发生各种灾荒。现代社会生产力高度发展，物质丰富，加上现代医学的日益发达，使人类平均寿命成倍地延长了。照此说来，今天的人类大大增强了生存能力。然而，当今世界的状况却是：食物易觅，安全难求。当代社会是商品社会，每个人都以商品的生产、交易和消费为生活方式。这种社会适合于释放人们为个人私利、为个人谋利抗害而奋斗的驱动力。每个人均受双重驱动：一是利益在前、诱惑难挡，此即所谓"利之所在，趋之若鹜"；二是凶险在后、大祸临头，此即所谓"后有追兵，狼奔豕突"。不论劳动者或经营者，激烈的人际竞争使每个人都感到凶险四伏，谁都不能确保明天不会变成一无所有，谁都掌握不了自己的命运；决定自己生死存亡的，似乎是冥冥之中那只无形的上帝之手。经济学家把保持一定失业率（流动率）视为现代企业管理的一种有效手段，令职工人人自危，为保住饭碗而卖力干活。总之，现代人趋安避危、趋吉避凶的办法只有两条：一是豁出去拼，投入激烈的人际竞争，非成为优胜者不可；二是求神拜佛，求上帝保佑，祈求虚幻的安全价值以自慰。人际竞争造成安全缺失，造成人际之爱荡然无存，这比其他任何危险因素更令人难以忍受。人际之爱是人类最重要的精神需要，但在高度发达的商品社会中变成稀缺价值；能够源源不断大量供给的东西，乃是冷漠（利害不相关的情况下），或者伪善、欺诈和仇恨（利害相关的情况下）。于是，焦虑、抑郁等精神障碍成为常见病。在此不妨大胆预言：在全世界高度发达的未来，若在某地发生社会革命，很可能不再因为饥饿，而是因为安全缺失的精神折磨。

注释：

① 转引自魏金声主编《现代西方人学思潮的震荡》，中国人民大学出版社1996年版，第240页。
② 《马克思恩格斯选集》第4卷，人民出版社1972年版，第78页。
③ 马斯洛：《动机与人格》，见李秋零主编《精神档案》，九州图书出版社1997年版，第709页。

六、精神价值综述

人类的精神需要所指向的精神价值，是最为绚丽多彩和魅力无穷的价值。随着社会不断发展，人们的精神需要和价值日益丰富多样，令人们沉醉其中，享尽愉悦和乐趣。为什么做人远胜于做其他生物？是因人类才能获得精神享受。倘若作为一个人，终生忽略精神享受，那他一生岂非平淡如水？现在让我们来欣赏这幅人类精神价值的美丽图画吧。

（一）荣耀需要与荣耀价值

1. 概述

荣耀需要具体表现为谋荣抗辱。所谋之荣是一种精神之利，属正价值；所抗之辱是一种精神之害，属负价值。

荣耀需要是六种精神需要之中最重要、最典型的一种，是人类超越动物界的最典型、最突出的特征。虽然"人来源于动物界这一事实已经决定人永远不能完全摆脱兽性"，但由于具备强烈的荣耀需要，人类便把兽性甩得远远的了。人类可说是唯一爱面子的动物，一般动物谈不上有荣耀需要，更谈不上以荣耀需要作为自己的强大驱动力。当笔者试图比较三大类十四小类需要作为人类行为驱动力之强弱时，惊讶地发现：除了生存需要的驱动力相当强大而普遍之外，荣耀需要的驱动力同样强大而普遍，甚至有过之无不及！然而，对于强力驱动自己前进的荣耀需要，古今中外的文化精英却无人加以专门探讨，更未建立专门的"荣耀学"（如同研究审美需要的美学、研究道德需要的伦理学那样）。这应算科学发展史上的一大疏漏。

荣与辱，是在人际交换中产生。人们在人际交换中互相评价，给予好评就是赋予正面的荣耀价值，即是赋予荣；给予恶评就是赋予负面的荣耀价值，即是赋予耻（辱）。人类谋利抗害的本性反映在荣耀价值上，便是形成谋荣抗辱的需要。这是在性需要之后，人类的社会性的第二个突出表现。

荣耀需要，说得好听叫作自尊心、荣誉感，说得不好听叫作爱面子、虚荣心。为何会有这样褒义、贬义两种说法？这是因为，社会大众总会对具体个人的荣耀需要作出道德评价。由于大众所持道德标准各不相同，对同一对象有人作出肯定性评价，美其名曰自尊心、荣誉感；有人作出否定性评价，说此人真是爱面子、图虚荣，等等。这样说来，我们既可按照西方需要理论的提法，把荣耀需要称为"尊重的需要""自尊的需要"，这样的说法大家都容易接受、乐意自我承认；但是你若对别人看不惯，把他的荣耀需要称之为"虚荣的需要""面子的需要"也未尝不可，反正是一码事。若撇开贬褒的含义，荣耀需要是人人有之。

常言道，"人有脸，树有皮"，在人际交换中，人人都期望获得别人的尊重、尊敬，都喜欢受表扬和称赞。甚至"死要脸"，极其看重死后的名声，这叫"人死留名，豹死留皮"。满足了荣耀需要，就得意洋洋、"心里甜滋滋的"，或趾高气扬、八面威风。没有人喜欢受辱。受辱，包括被人诋毁、贬损、臭骂、讥讽、诽谤、丑化，被人看不起、遭人白眼，或者被人采取各种刻薄恶毒的方式进行羞辱。受辱令人怒火中烧、义愤填膺、咬牙切齿，在心底播下仇恨的种子，搞不好还可能被当场气死。在现实中确实发生过类似《精忠说岳全传》中牛皋气死完颜兀术的事件：有人因受辱咽不下这口气，浑身发抖地指着对方，"你、你、你，气死我也！"两眼一翻，口吐鲜血，一命呜呼。

2. 荣耀需要作为主导需要的具体表现

当主体把荣耀需要作为主导需要，可有多种具体的表现。在这些具体表现中，共同特征是把需求结构中的其他需要放到次要或附属地位，或暂时搁置，是因顾不得太多了。在西方，荣耀需要在马斯洛需要理论中被称为"尊重的需要"。美国前总统克林顿2003年11月到访北京期间参加清华大学 AIDS 与 SARS 国际研讨会，在回答学生"三项只能选择其一"的选择题时，选择了"尊重"，而不是妻儿亲友或身体功能。不管克林顿内心是否真的这样想，他这个回答表明荣耀需要被置于首位，其他算得上极其重要的需要都排在后面。

把荣耀需要作为主导需要，首先表现在"向上爬"。人类社会内部有阶层之分，自古如此，将来也会如此。阶层的高低即社会地位的高低，社会地位的高低又体现为具体的身份。有的身份显示社会地位高，有的则显示低。"人往高处走，水往低处流"，人们莫不坚持不懈地努力提升自己的社会地位，而社会地位越高就越荣耀。

那么，最高的社会地位和身份为何？在过去，是统领天下，做一国之主（迄今暂无全球之主）。"江山如此多娇，引无数英雄竞折腰。"历史上每逢天下大乱、群雄蜂起的年代，哪个英雄不是奔着皇帝宝座而来？公元前 210 年前后的秦末时期，陈胜、项羽、刘邦不约而同地说过相似的话。陈胜说"帝王将相宁有种乎！"刘邦出差到首都咸阳，见到秦始皇出巡的显赫阵仗，喟然叹息曰，"嗟夫，大丈夫当如此也！"项羽在路遇秦始皇出巡时，说了一句"彼可取而代之"。然而，只有夺取宝座野心最强烈、最有能耐者才能最终成为"真龙天子"。陈胜竞争失败是因能耐不够；而自封西楚霸王的项羽不想搞中央集权，推倒秦朝、瓜分天下之后就急于衣锦还乡。衣锦还乡、荣宗耀祖，是自古以来中国人普遍的梦想。项羽不听谋士劝阻，说什么"富贵不归乡，如衣锦夜行，谁知之者？"结果被刘邦追杀于乌江边，被迫自刎。死前别姬，唱的是悲壮的"垓下歌"："力拔山兮气盖世，时不利兮骓不逝，骓不逝兮可奈何，虞兮虞兮奈若何！"但是，同样渴望衣锦还乡，刘邦却不着急，而是把扫清异己巩固政权放在首位。他在平定英布、一统天下之后，才在班师回朝时顺道回沛县一趟。在乡亲父老的欢迎宴会上，他踌躇满志地即席击筑，放声高歌。他唱的是"大风歌"："大风起兮云飞扬，威加海内兮归故乡，安得猛士兮守四方。"可想象得出他那得意忘形的样子！在鲁儒叔孙通为他制定严格的宫廷礼仪之后，文武百官上朝三拜九叩山呼万岁，此时他感慨地说道，"吾乃今日知为皇帝之贵也"。此刻他终于享受到贵为人君、达到人生顶峰的荣耀。现代国家的最高领导人已不能享受封建时代的这种礼仪，但也有感受最高荣耀的场合，其中最激动人心的就是阅兵时的一呼万应：最高领导人高呼"同志们好！""同志们辛苦了！"随即他听到的是排山倒海、震天动地的回应："首长好！""首长辛苦了！"当然，军队首长检阅自己的部队时都能享受这种荣耀，但跟国家最高领导人阅兵不可同日而语。可笑的是有做县长、校长的，也在自己的地盘弄个检阅仪式，来个一呼万应。此举固然自我感觉良好，殊不知已属出格了，若在封建时代肯定要被杀头的。

把荣耀需要作为主导需要，对中国儒家知识分子来说，突出地表现为"立功名"，即是建功立业或成名成家，求得名留青史、流芳百世。这是两千多年来延续至今的传统，是知识分子最高的人生理想。《三国演义》作者罗贯中借周瑜之口唱道："大丈夫处世兮立功名，立功名兮慰平生。慰平生兮吾将醉，吾将醉兮发狂吟。"歌词生动地表达了这种立功名的人生理想。封建时代的科举制度，是平民子弟挤入上流阶层的唯一途径。"十年寒窗无人问，一举成名天下知"，因此，莘莘学子无不苦读官方指定的四书五经。《儒林外史》中的范进屡考屡败，直至年过半百才考中举人，放榜之日竟然激动得发疯了，喊着"我中了"满街跑。好在杀猪的丈人狠扇他一巴掌，才让他恢复了神志。

把荣耀需要作为主导需要，更典型的表现是"耻感文化"，而耻感文化的特征是把荣誉视同生命，甚至重于生命。西方、东方在历史上都有过这种耻感文化，如欧洲中世纪的骑士文化、中国古代的游侠文化、日本的武士道文化。日本武士道精神尤其惊世骇俗，它重视荣誉达到不可思议的程度。它以流血为荣，以流泪为耻，视荣誉重于生命。当他们为荣誉而死，将会毫不留恋地死。而其推崇的死法是比跳楼更为残酷的剖腹自杀。这种精神帮助了军国主义的侵华战争和对美太平洋战争，至今仍是深入骨髓的大和民族之魂。据日本官方数据，2013年平均每天74人自杀，自杀率雄冠全球。究其原因，耻感文化无疑是主要因素。自杀者中很多是名人，也有平民百姓。这个发达国家近年竟发生老百姓默默饿死事件。2012年2月在东京一个小公寓里发现已死去约两个月的一家三口，包括60多岁的夫妇和30多岁的儿子。他们是活活饿死的，原因是遭遇经济困难却羞于申请救助。

成语"嗟来之食"的故事，也是视荣誉重于生命。春秋时期齐国闹饥荒，富人黔敖于路边施舍饮食，对着一位步履艰难走过来的穷人喊一声"喂！来食！"此穷人答"我正是因为不食嗟来之食，才饿成这样！"最终他就这样饿死了。时至今日的现代社会，也在发生着类似的故事。2015年在卡塔尔首都多哈有间名为"扎伊加"的饭馆贴出告示："如果你饿了，又没钱吃饭，就来免费吃吧！"然而，每天最多只有两三人来吃免费餐。那里有上百万外籍劳工，因须寄钱回家、工资被拖欠或赖帐、当地物价高等原因而普遍囊中羞涩。但是他们并未蜂拥而来，证明穷人同样讲自尊，像克林顿说的那样把尊重置于需要结构中的首位。

3. 荣耀需要与其他需要相融合的情形

荣耀需要与需要结构中的其他需要相结合，往往发挥强大的助动力作用。这种助动力的效果往往令人震惊、超乎想象。

最突出的表现是荣耀需要与生存需要相结合，犹如助燃剂，把生存需要变成熊熊大火，令主体为生存而奋斗的动力百倍增长，推动主体狂热地追求财富。自古以来，"富则荣，贫则贱"，这种传统的社会评价是荣耀需要强烈驱动人们追求财富的根本原因。"马行无力皆因瘦，人不风流只为贫"，"贫居闹市无人问，富在深山有远亲"，等等，这些谚语至今仍广泛流传。在当今社会中，"致富光荣"的口号叫得很响。现实生活中的"笑贫不笑娼""谁富谁英雄，谁穷谁狗熊"等，把富贵贫贱的观念强化到扭曲的程度。扭曲的表现之一，是摆阔炫富。近年在网上炫耀奢华成为一种时尚，2011年中国出了"郭美美事件"，搅得网络和媒体天翻地覆。外国也有土豪热衷于炫耀，有的为自己打造7斤重的黄金T恤；有的使用由22K黄金制成的厕纸；有的服食"黄金丸"，只为排泄"像金子般闪闪发光的粪便"。扭曲的表现之二，是歧视穷人。据2003年11月1日《广州日报》报道，广东东莞厚街有一个正读初二的女孩叫晴晴，已把家里的保姆气跑3个。保姆把鸡蛋煎老了，她二话不说就摔盘子，指着保姆的鼻子骂"你有没有脑！"还骂乡下人、死八婆。记者采访她做生意的父母，其父理直气壮地说，"保姆就是旧社会的下人嘛，下人就是用来使唤的，我们花钱雇了她，受点气还不应该吗？""我们没有批评女儿，甚至还鼓励她这样做，为的是从小使唤人，将来才能不被人使唤，就是要告诉她有钱的好处！"这种对穷人的歧视严重伤害穷人的自尊心，让穷人的心在滴血！怎不令穷人深感屈辱和愤怒？

　　在荣耀需要助推之下，即使经过奋斗富甲一方、钱财之多远远超出生存需要了，也还多多益善，贪得无厌。这不单是因为钱多好办事，还因为财多气粗、财越多就越神气。就算是一般工薪阶层，经过努力而事业有成、稍为富裕了，此时也会得意洋洋，衣锦还乡，宣称"总算混出个人样"。倘若不断受挫、一事无成，甚至落魄流浪，则感觉抬不起头来，无脸见人。在当今人人梦想发财的商品社会，打工仔离乡背井出门打工，发誓"不混出个人样决不回乡"。媒体报道的最新事例，是湖南一名现年41岁的男子唐某豪，20年前与家人发生矛盾而负气离家出走，发誓要出人头地才衣锦还乡。结果难偿所愿、沦以捡废品为生的流浪汉。这一来就流浪了21年，直至被广东英德市的巡逻民警发现，联系他家人接回。

　　荣耀需要与道德需要密切相关。道德观极大地影响荣辱观，有什么样的道德观就有什么样的荣耀观。为了追求荣耀价值，有的人奉行极端个人主义，不择手段向上爬，只求出人头地。历史上许多枭雄的信念，就是"成者为王，败者为寇"，"不能流芳百世，也要遗臭万年"。现今社会流行的则是"只要成功，不问手段"，"抓住老鼠就是好猫"。于是，官场的跑官买官丑闻层出无穷，商界的无良行为司空见惯，而官商勾结贪赃枉法更成家常便饭。由此可见，若不首先分清善与恶，就来倡导什么荣与辱，那些枭雄听了恐怕会笑破肚皮。反观一些富豪秉持善的道德观，他们坚持"君子爱财，取之有道"，以诚实经商为荣，以为富不仁为耻。他们以行善积德为荣，慷慨捐钱，回报社会，以奢华炫富为耻。自从世界首富比尔·盖茨在1999年表示在有生之年把大部分财产捐赠出来之后，已有越来越多富豪认同和仿效这种做法。

　　荣耀需要还可融入其他各种需要而成为其强劲动力。例如，融入娱乐需要而成为娱乐需要的动力，体育比赛可作为例证；融入爱的需要而成为爱的动力，人道主义和博爱理想可作为例证；融入奇货需要而成为奇货需要的动力，典型事例是人们挖空心思创造世界纪录以载入《吉尼斯世界纪录大全》、私人开博物馆、办藏品展览等。诸如此类，不再赘述。

4. 抗辱的惊人能量

谋荣只是荣耀需要的一个方面，而抗辱作为另一方面，所激发的能量甚至比谋荣更为惊人！受辱，令人恨得咬牙切齿、怒火填膺，既可能当场爆发，也可能敢怒不敢言，埋下复仇种子。复仇情绪埋藏在心底，犹如潜伏的火山，终将有一天发生火山爆发，做出惊人的事情。

中国有句古话叫作"伤人一语，利如刀割"。刀割皮肉只是肉体的疼痛，而伤人话语则伤害人的心灵。例如，别看教师为人师表，都是一副文质彬彬的样子，倘若受辱也可能勃然大怒、暴跳如雷。我们都当过学生，都知道学生喜欢恶作剧、为老师起"花名"（即绰号）。殊不知，拿人家某种缺陷起花名，是最伤别人自尊心的恶行。2007年12月在广东从化太平中学，初一某班女班主任胡老师得知学生背后叫自己"茶煲"，气得立即集中全班学生，让每人自打耳光还不解气，再亲自给每人扇几下。

中国现今并无流行日本那样的"耻感文化"，但也不少人耻感特强、脸皮很薄；倘若受辱，将会自杀，或者杀人！如以下的案例：

2003年4月，重庆渝中区初三女生丁某因上学迟到，班主任汪宗惠当着其他同学的面贬损她："你学习不好，长得也不漂亮，连'坐台'的资格都没有。"随后丁某就跳楼身亡了。2004年9月，陕西安康市汉滨区一名初三男生因被评为"最差学生"而服毒自杀身亡。"中国少年儿童平安行动"组委会于2004年11月的一项专项调查表明，教师对学生的言语伤害是亟待解决的问题。诸如"缺少家教""有其父必有其子""天生就是个蠢才""一辈子没出息""你比猪还笨""我像你这样早就跳楼了"，等等，应作为教师的职业忌语。教师作为"塑造人类灵魂的工程师"，却极尽讽刺侮辱之能事，贬损学生人格、伤害学生自尊心和自信。这是以不带血的尖刀毫不留情地捅向学生稚嫩的心窝，岂不成了恶魔！

2008年2月，湛江雷州二中高二男生陈文真，因平时受同学欺负（饭被抢吃、被迫帮洗脏衣），成绩较差被嘲笑等，拿刀捅死两名同学、捅伤另外两名师生后跳楼身亡，事件造成3死2伤。

2009年12月，广州西增路增埗四巷一名56岁男子，下岗后常被妻子指责无能，事发当天又因劳累在被动过性生活时表现不佳，妻子就满口污言秽语、对他极尽数落之能事，于是暴怒之下拿凳子砸、水果刀捅、菜刀砍，杀了妻子。

跟下面两宗惊天大案相比，上述案例实属小巫见大巫。

2004年2月13日至15日，云南大学男生马加爵在公寓内陆续锤杀了平时跟他关系不错的四位同学。他说平时自认为性格蛮不错、在同学印象中性格也蛮不错。然而，行凶前的一次打牌却被同学诬蔑作弊，并被讥讽"你为人太差，同学过生日都不请你"。这个评价与平时的自信产生强烈反差，令他一下子就心理崩溃了。所以，"那段时间每天都在恨，必须要做这些事，才能泄恨"。对于这种自我辩解，学术界的很多专家学者都认为讲不通，不符合犯罪心理学原理，都按常理臆断他因家贫而自卑、个性狭隘、心理扭曲，等等。但是该案主审法官刀文兵却认为，他文化素质不错，思维清晰，逻辑性较强，思维方式正常，不会有跟常人相悖之处，并不像媒体所说的很偏激、心理变态扭曲，等等。笔者认为，马加爵本人所说属实，并且同意一位心理医生所说：马加爵"外表粗犷，但思维理性，内心敏感"。这种敏感，可称为"荣辱敏感症"。

2005年5月，在宁夏石山嘴打工的王斌余，追讨欠薪未果，反遭包工头的手下辱骂"像条狗"、打耳光和拳打脚踢，于是怒火爆发，拿刀连捅5人，致4死1伤。他在记者采访时回顾短暂的痛苦人生，有一句话如石破天惊："我就是想死，死了总没有人欺负我了吧！"王斌余以自己的悲剧诠释了古语"民不畏死，奈何以死惧之"的含义。要知道，封建时代的绿林好汉逼上梁山，就是因此发生！

西方谚语："上帝欲使人灭亡，必先使人疯狂。"中国古训："天欲其亡，必令其狂。"不论当事人当时是否头脑清醒，也不论他是自杀还是杀人，反正他就是疯了。人的屈辱感会令人疯狂！那些专家学者什么时候才会明白这个道理？

发源于美国、随后风靡全球的情商理论，认为成功的因素是情商占80%，智商只占20%；而情商的内容包括管理自己的情绪。情商高者意志顽强、坚忍不拔，善于管理（控制）自己的情绪。笔者发现，那些城府甚深、深藏不露者，就是情商高者。古人云，"有仇不报非君子"。然而，情商高者不一定即刻报仇，"不是不报，时候未到""小不忍则乱大谋""君子报仇，十年未晚"。他们含垢忍辱，韬光养晦，最后终于复仇雪耻。春秋越王勾践"卧薪尝胆"，汉将韩信报复"胯下之辱"，是流传至今的两个典型事例。有句俗语叫作"不能拿鸡蛋碰石头"。否则，就是"男子光屁股坐在岩石上——以卵击石"。当自己脆弱如鸡蛋，而遇石头要欺负你，情商高者就会躲避。这叫"好汉不吃眼前亏""退一步海阔天空""忍得一时之气，免得百日之忧"。有志者便发奋图强，有朝一日把自己由鸡蛋变成铁锤，一扫石头之威风。

情商高者意志顽强、坚忍不拔，善于管理（控制）自己的情绪，这种素质可有各种表现，其中一种叫作厚脸皮。厚脸皮，褒义的说法是忍辱负重、委曲求全，贬义的说法是死皮赖脸、恬不知耻。假乞丐就属于这种厚脸皮的高情商者。报纸时有报道：假乞丐如何装扮可怜相，能多惨就扮多惨，以博路人悲悯和施舍，到"下班"时一跃而起、健步如飞，回到酒店换上光鲜西装下馆子。甘肃岷县有个乞丐村，一到寒暑假很多人领着孩子外出讨要。他们也曾外出打工，体会到"确实太辛苦了，打一年的工相当于讨要一个月的收入，更别说很多时候要不到工钱。哪像讨要，挣的是现钱！"不是允许一部分人先富起来吗？不是抓住老鼠就是好猫吗？他们发现乞讨就是富起来的有效手段！一位假装残疾拄着拐杖的乞丐，要够了钱就扛起拐杖回家。此时豪气冲天，把他的拐杖往石头上敲得啪啪响，大喊"这就是俺的铁饭碗！"他的厚脸皮换来了如此的"豪迈"。西方有个笑话：一只蚊子在某人枕边自杀前留下一封遗书，称"我奋斗了一夜也没能刺破你的脸皮，让我无颜活在世上。主啊，请宽恕他吧，我是自杀的"。可断定，这个脸皮厚得令蚊子自杀的人必定情商高。据报道有老板培训大学毕业的新员工时，让他们在繁华街道跪地乞讨，目的是锻炼其厚脸皮，以利于今后的推销工作。此举虽不妥，却有其依据。此法叫作"置之死地而后生，置之辱境而后荣"。

5. 荣耀需要成为"人性弱点"的情形

荣耀需要，处理不当会导致不良心理，成为"人性的弱点"。

一是"羡慕嫉妒恨"。看到别人样样强于自己，就暗生妒忌，甚至妒火中烧，做出背后搬弄是非甚至捅一刀的卑鄙行为。

二是攀龙附凤。想方设法接近名人以沾光。

三是过分的争强好胜。过于在乎竞争赢输带来的荣辱，赢了就忘乎所以，输了就悲痛欲绝。

四是浮夸与虚荣。自吹自擂，自我炫耀，想方设法出风头。

五是骄傲。自视过高，狂妄自大，刚愎自用，骄横跋扈。

六是自卑。自惭形秽、妄自菲薄，可导致丧失自信、斗志衰退。

七是爱吹不爱批。只爱听奉承话，听不进善意的批评意见。

八是过于在乎别人的评价，被别人的评价牵着鼻子走。

上述不良心理，是由荣耀需要的过度和不当所致。对此应自我提醒，自觉克服。对于自己的荣耀需要在自己需要结构中所占地位和份量，及其表现形式，都应作出恰当的评估和决定。

6. 荣耀需要被人利用的情形

虽然迄今未有"荣耀学"，但是现实生活中人们早就懂得如何利用别人的荣耀需要达到自己的目的。把这些做法加以概括，已足以建立一门学科。

这种利用，有的很正当，受到社会认可和提倡。例如，体育比赛的组织者利用人们争强好胜的心理，把比赛开展得有声有色。又如老师善于运用表扬为主的方法引导学生，令学生一生受益。不少成功人士在回忆幼年或青少年时期幸得恩师一句话，受到启发和激励，翻然醒悟，痛改前非，奋发上进。

有的利用则非但不正当，而且卑鄙龌龊。例如，不靠本事、专靠奉承拍马向上爬。这种历史悠久的手段发展成一门拍马术，自古以来为正直者所不齿。

近年震撼世界的美国虐囚丑闻，其实质是试图从反面利用人类谋荣抗辱本性。他们极尽羞辱之能事摧残俘虏的自尊，欲令其精神崩溃然后供述情报。所用种种手段之卑劣，与其高唱人权的道貌岸然形成强烈反差，导致其魔鬼形象在穆斯林心目中更牢固而鲜明了。

不论古今中外，聪明的统治者和领导者都善于利用人们的荣耀需要，运用种种褒贬结合、奖罚分明的办法，引导臣民或部属以高度热情奋不顾身地为自己服务。在中国2000多年的封建社会里，统治者采用儒家学说，"以仁孝治天下"，按照荀子"先义而后利者荣，先利而后义者辱"的荣辱标准进行道德教化，起到维护"三纲五常"统治秩序的巨大作用。儒家经典作为"国学"至今影响深远，极大地有助于社会稳定。

此外，还有的利用上述各种"人性弱点"以克敌制胜。例如，应用激将法羞辱激怒对手，使其犯错。又如利用骄兵必败，实施《孙子兵法》"诡道"中的"卑而骄之"，等等。

如何恰当对待自己的荣耀需要？如何抵制别人对自己荣耀需要的不正当利用？如何尽量避免荣耀需要造成"人性弱点"？值得人们深思。

（二）爱的需要与爱的价值

这里所说爱的需要主要指人际之爱。若扩大范围，也许可把诸如对家乡故土的热爱和依恋、对狗儿猫儿的宠爱等包括在内。

人类普遍需要人际之爱，包括两个方面：爱他人的需要，即爱自己所爱之人（价值对象）；被爱的需要，即期望对方也爱自己。这两个方面是有区别的：爱他人，不等于被他人所爱。因此，付出爱不等于获得爱，有爱的需要不等于爱之价值实现。当然，若主体付出爱又能获得爱，这是爱之需要的最理想最完满的满足；但是现实中却存在大量付出爱而不能获得爱的现象，譬如一厢情愿的恋爱、子女对父母舐犊之爱报以冷漠和不孝，等等。可见，爱之需要的满足（亦即爱之价值的实现）有赖于主体与对象的互爱。这也说明了爱的需要，是人类的社会性在性需要、荣耀需要之后的第三种突出表现。

有各式各样的人际之爱，但是都有以下共同特征。

（1）关怀所爱之人。深爱者，对所爱的人温情脉脉、难舍难分；一旦分离，就会牵肠挂肚、怀念不已；如果所爱的人去世，则哀痛欲绝、终生思念。

（2）情愿奉献。为所爱之人自我牺牲，无私奉献。这正是善之道德价值的基础。

（3）在一定条件下爱可能转化为恨，呈现"爱之愈深，恨之愈切"

的现象。

人际之爱主要有以下四种：

（1）天伦之爱。即血缘至亲之间的爱，如祖孙之间、父母与子女之间、兄弟姊妹之间的爱。其中母爱，是世间最深挚、最无私、最纯洁、最伟大的爱。每个人刚从娘胎来到世间，都极度依赖母亲，除了在母亲怀里吮吸乳汁满足饮食之需，还享受母亲的亲吻和爱抚。科学家的研究表明，母亲的亲吻和爱抚能促使生长激素分泌增加，能使吵闹的孩子安静下来甚至起到催眠的作用。而母爱的缺乏，可能影响孩子健全人格的形成。

母爱之伟大，体现在无条件的自我牺牲。每个母亲都认定孩子是自己身上掉下来的一块肉，百般呵护着、疼惜着，心甘情愿地把自己的全部心血、自己所拥有的一切都奉献给孩子。当孩子稍稍长大，暂时离开身边时，做母亲的就日夜牵挂、倚闾而望。唐朝孟郊《游子吟》："慈母手中线，游子身上衣；临行密密缝，意恐迟迟归；谁言寸草心，报得三春晖。"此诗传唱不衰，因其生动描绘了母亲对孩子出远门的关切之情，千百年来不断引起人的强烈共鸣。

（2）男女爱情。一般认为爱情以性为基础，这是有道理的。这就是说，性需要既是一种生理需要，又可成为爱情需要的原料。如果缺乏性需要作为基础，就不能形成爱情需要。当然，没有性也可以有爱，但是，这种不以性需要为主要原料的爱似应归于友爱或亲爱。有人研究出所谓缘分取决于"气味相投"，说是每个人身体发出的气味各不相同，是否接受和爱好对方的气息对于择偶有一定影响。据说男人长相越丑，其气味对女性越有吸引力，故美女往往嫁丑男。如果真有其事，不外乎也是男女之间的异性相吸，都属于性的范畴。而男女爱情，就建立在这种性的基础上。

然而，爱情不等同于性，更不等同于身体气味。因为爱情还有丰富得多的内容。爱情是文学艺术的永恒主题，主人翁莫不爱得死去活来，但是，他们相爱的内容究竟是什么？却无千篇一律的答案，算起来其内容可有以下几种：一是审美之爱，爱对方身材相貌之美、气质风度之美，如男爱女之美貌丰姿及风情万种，女爱男之英伟挺拔及刚阳气概。二是崇拜之爱，对各种出类拔萃者如英雄豪杰、名家大师、当红明星，等等，为之倾倒、无限钦佩，进而爱之。三是温情加知己，即温柔体贴、善解人意、志趣相投,这是得到最广泛认同的、最重要的爱情内容。英国王子查尔斯与卡米拉为世人演绎了活色生香的爱情故事。王妃戴安娜美艳若仙、倾城倾国,而查尔斯偏偏爱上并不美貌的卡米拉。据说其原因就在于卡米拉对他柔情似水、温柔恭顺、善解人意,而戴安娜在这些方面就相形见绌。

陷入热恋者往往爱得昏天黑地、要死要活的,可以说此刻爱情在他们的需要结构中占主导地位。此时若遇家庭反对或社会环境的原因被"棒打鸳鸯",就可能激起当事人的强烈反抗,以致酿成种种爱情悲剧。梁祝、宝黛、"孔雀东南飞"、天仙配、罗密欧与朱丽叶等就是这样的经典悲剧。现代社会允许恋爱自由比封建时代的包办婚姻好得多,但也还由于各种原因经常发生各式各样的殉情事件。由于爱情这种东西每人都有或多或少的体验,故此爱情也就顺理成章地成为文学艺术的"永恒主题"。

然而,爱情这种东西又很不牢靠。人老珠黄风华尽褪、兴趣转移不再崇拜、观念冲突产生隔阂,更不用说婚后生活中的种种摩擦冲突,都可能令爱情淡化和消逝。笔者发现,文学艺术中几乎所有惊天动地的爱情故事,大多限于描述热恋阶段如何爱得死去活来,到最后不是殉情而死,就是"有情人终成眷属",至此戛然而止。婚后生活鲜有提及,答案被台湾漫画家朱德庸所揭示:"世上折旧率最高的东西是爱情,淘汰率最低的游戏是婚姻。"由此可见,要做到忠贞不渝还有赖于把爱情升华为亲情,才有可能相濡以沫、白发偕老。此正是中国谚语"少时夫妻老来伴"的精髓所在。

(3)友爱。这是朋友之间知音知己之爱。历史上有周朝伯牙与钟子期的"高山流水"的故事,还有春秋齐相管仲与鲍叔的"管鲍之交"的故事。读者可查看有关资料以了解细节,在此只引述管仲一句话,叫作"生我者父母,知我者鲍子也",可见其交情何等真挚和深厚!人们常说"人生得一知己,足矣""海内存知己,天涯若比邻"。尤其经过"同生死,共患难"考验的友情,更是坚固如铁。这样说来,深厚友情称得上人生可遇不可求的奢侈。

(4)博爱。这是"兔死狐悲,物伤其类"之爱。同为人类,常会设身处地,对他人的不幸产生同情和怜悯。所以孟子说,"人皆有不忍之心""皆有怵惕恻隐之心""无恻隐之心,非人也"。许多价值理论体系包括中国古代孔孟的仁政学说和墨子的兼爱学说、基督教和佛教、费尔巴哈的人本主义、欧洲的人道主义，等等，都宣扬博爱的社会理想，企图使人间充满爱。很可惜，自古以来太多人反其道而行之，令这种美好社会理想之实现遥遥无期。

爱的需要还有一种特殊形式——怀旧。怀旧，也就是怀念旧时之爱。年轻人不怀旧，他们一切都还新鲜，无旧可怀。而到老年，在脑海深处就会积淀大量旧爱的表象，包括初恋情人、故乡山水、当年的奋斗经历和场所、故去的至亲挚友，等等。每见到当年的老照片或纪念物或故地重游，甚至置身于类似当年的环境的时候，就会触景生情、感慨激动乃至老泪纵横，这就是怀旧，一种浓得化不开的情愫。毛泽东身边工作人员忆述，1976年（他逝世那年）春节观看电影《难忘的战斗》，勾起他对战争岁月的回忆，他先是悄悄流泪，到最后泪如泉涌，再也无法控制。这时全场哭成一片，不等电影结束，医护人员赶紧把他抬走。旧爱无价，聪明的商人发现这是个有利可图的大市场，日本人首创的初恋公司如今在中国也有，这种公司标榜替人捕捉旧日"美丽的梦"，生意忙得不可开交。美国人的怀旧销售也处处可见，据说超过一半的美国人认为过去的好时光比现在要好，渴望回归过去那种平静单纯的岁月。前面描述饮食需要时提到北京有间"老插酒家"，其实全国各地都有类似餐馆。广州一家"老房子酒吧"的老板说，这是经历过"文革"往事的中年人一个回忆往事、释放内心的空间；许多动人的场景在这里演绎，不少老知青在此痛哭流涕，重新开启心灵中最柔软的部分。

爱的需要具有普遍性，而爱的缺失现象在现代社会也同样普遍。前面论及安全需要指出，当代商品社会比过去任何时代都缺乏安全；现可进一步认定，安全缺失的直接原因就是爱的缺失。一旦缺失人际之爱，冷漠就取而代之。人际环境越冷漠，不安全感就越强烈。在市场竞争中，有的人把生存需要或荣耀需要或权势需要看得更重，并作为主导需要支配自己的一切行为，以至爱的需要被忽略、取消。而当金钱源源不断地流进腰包时，再想以大量金钱换回失去的爱，那就难了。时下常见报道一些家庭成员为争房产而反目成仇、对簿公堂，他们不是资产阶级，却也像马克思和恩格斯说的那样，"撕下了罩在家庭关系上的温情脉脉的面纱，把这种关系变成了纯粹的金钱关系"①。有的人则只顾追求娱乐价值、自由价值，忽略了爱的价值。由此可见，爱的需要固然具有普遍性，但它不一定被每个人都当作主导需要，或者不一定被人们一辈子都当作主导需要。

与爱相反的负价值，是恨。有种种不同原因导致的恨，其中就有由爱转化而来的恨。这种现象符合物极必反的辩证法。然而，难道爱极就必将转化为恨？能否反过来恨极就转化为爱？这样的辩证法很难理解，期望辩证法大师指点迷津。

（三）道德需要与道德价值

1. 概述

道德是人类群体制定和推行的，能得到本群体大多数成员赞同并自觉遵守的处世准则或规范。

人们对于道德的需要只在人际交换中产生。单纯的人天交换、人工交换不会产生道德需要。在人天交换中，人们可以随意呼吸、喝水、沐浴阳光、欣赏美景，等等，无需担心大自然不情愿。在人工交换中，人们可以随意支配自己拥有的工具，无需担心工具有意见。唯独人际交换中，会发生利害矛盾和冲突，会发生情愿或不情愿、赞成或反对的问题，因此须要道德这种东西加以适当对待和处置。有些人天交换和人工交换，因其引致人际矛盾冲突，才会产生道德问题。例如，当代有识之士发起环境保护和动物保护运动，认为污染环境、虐待动物也是道德伦理问题。这是有道理的，因为污染环境、虐待动物不是单纯的人天交换或人工交换，实际上导致人际利害冲突。污染环境自不待说，虐待自己的动物看似与别人无关，但是，伤害了那些把爱心推及一切生灵的宗教信徒或动物保护主义者，与他们产生了观念冲突。所以，归根结底还是人际交换才会产生道德，问题只是人们各持不同道德观而已。由此可见，道德需要与其说是人类个体的需要，不如说是群体的共同需要。若论人类的社会性，道德需要便是人类社会性在性需要、荣耀需要、爱之需要之后的第四种突出表现。如再加上经济活动中表现的社会性，人类共有五种最主要、最突出的社会性表现，跟其他动物相比确有天壤之别。此系题外话，不再赘述。

道德有一突出特点，是它能够被本群体成员内化为自我需要且自觉遵守，这一点与统治者强制推行的法规有本质区别。前者属于人的精神需要，而后者属于工具。

群体成员之所以会把群体制定的道德规范内化为自己的道德需要，一方面是因这些道德规范符合他自己的需要，另一方面还由于群体管理层千方百计进行灌输。每个人自出生开始，就终生处于他跟群体道德规范之间的相互作用中，而群体管理者对符合道德的行为给予鼓励表彰，令道德价值附加荣耀价值，投合了人们的荣耀需要。在这种情况下，人们以遵守道德为荣、以违反道德为耻，久而久之便可能使人们将外在的道德规范内化为自己的道德需要。例如，自古以来封建统治者都不遗余力地向劳动人民灌输忠君道德，使之成为广大人民世代相传的自我需要。

2. 何为善？何为恶？

道德价值的核心意义，是善与恶。群体成员以在群体共同需要的基础上制定的道德规范为标尺，去衡量每个人的行为：符合便是善，违反便是恶。群体成员为维护本群体利益自愿作出牺牲，这种精神和行为叫作利他主义，对本群体来说即是善。

有各种各样的利他主义，例如爱国主义、民族英雄主义、革命英雄主义，等等。中国人民世世代代都歌颂郑成功、林则徐等历史上的民族英雄，因为他们为维护民族利益、抵抗外敌侵略而勇于牺牲。无产阶级的革命英雄主义者更是多不胜数，他们为革命事业英勇战斗，牺牲生命在所不辞。中国古代有"士为知己者死"的义侠，如战国时期荆轲为报答燕国太子丹而行刺秦王；还有《三国演义》中的桃园三结义，不求同时生，但求同时死。还有各种行会帮派也崇尚义气，要求成员同甘苦共患难，对待兄弟们仁至义尽，危急时刻冲锋在前、退却在后。诸如此类，说明各种不同的群体对于何为利他主义都有他们各不相同的标准。

以上各种利他主义的对象只限于本群体，其所谓善只是对于本群体而言。既然如此，所谓善根本就没有全社会或全人类的统一标准；人类社会存在过多少个群体，就有多少种道德标准，就有多少种依据不同道德标准而认定的善。互相对立的群体之间，各自认定的善和恶可以刚好相反。例如，日本军国主义发动侵华战争，大肆屠杀、奸淫掠夺、无恶不作，中国人民当然认为他们罪孽滔天、万恶不赦，而他们却认为这是正当的，是善行！至今他们还说侵华是为了把中国从西方帝国主义的压迫中解放出来。照此说法，他们侵华反倒是积德行善了！正因他们把中国人认定的大恶视为大善，才会把14名甲级战犯视为大和民族的英雄，供奉在靖国神社。

这样说来，人类到底有无"普世价值"的善？答曰：有是有，只不过未获整个人类的公认。例如，西方基督教和人道主义都提倡博爱。博爱当然是至善了，但有多少人奉行？如果大多数人都响应践行，这个世界就不会像今天这样充满尔虞我诈和互相残杀了。

说到利他主义，还有一个话题：即利他主义是否真的"专门利人、毫不利己"？按照前述对于"利"这个概念的重新理解，应包括实用之利和精神之利。由于"利"还可以是精神之利，我们就可发现主体奉行利他主义正是为了获得某种精神之利。换言之，利他归根到底还是为了利己。革命者抛头颅洒热血，把生命都贡献出去了，能说他们得到什么私利吗？若把"利"理解为名利地位、金钱美女等，当然他们什么也捞不上，但他们为何含笑就义、慷慨赴死？为何死而无憾？这究竟为什么？原来，他们是出于社会理想和信仰的需要。"生命诚可贵，爱情价更高。若为自由故，两者皆可抛。""砍头不要紧，只要主义真。杀了夏明翰，自有后来人。"这些中外革命烈士的壮丽诗篇，表达了他们为理想、为信仰而死。以上例子都是为信仰而死，这就是一种精神之利。人们都说母爱伟大无私，似乎完全不求回报。但是，事实上这是做母亲的自我需要，而且也在为孩子作出奉献的过程中就获得了精神上的回报。如若不然，当小宝贝口喊"妈妈"蹒跚着扑进你怀里的时候，当你凝神看着孩子玩得津津有味、手舞足蹈的时候，你为何会感到莫大的幸福和满足？这种天伦之乐，这种满足感、幸福感，便是你所获得的精神之利。青年毛泽东在湖南省立第一师范学校读书期间，曾在教材《伦理学原理》一书写下这样的批注："……表同情于他人，为他人谋幸福，非以为人，乃以为己。"[②]可见毛泽东年轻时也认为，人的利他行为正是出于利己。非但毛泽东，而且马克思和恩格斯在20多岁时也是这个观点，他们在共写的《德意志意识形态》

中说:"共产主义者……清楚地知道,无论利己主义还是自我牺牲,都是一定条件下个人自我实现的一种必要形式。"③事实上这个观点很好理解,利他主义行为并不是别人强迫我做的,而是出于我自己的信仰和志愿,亦即为了满足自己的精神需要,因而也就为我自己而做,因而也是利己。

3. "人性本善"? "人性本恶"?

自古以来就有性善论与性恶论之争。战国时代孟子主张性善论,他说"人性之善也,犹水之就下也。人无有不善,水无有不下"。主张性恶论的荀子则说,"人之性恶,其善者伪也"。西方哲学史上明确主张性恶论的有17世纪英国的霍布斯,他认为人的本性是损人利己,因此"人对人是狼",不断进行"一切人反对一切人的战争"。西方明确主张性善论的则似乎没有,不论是提倡博爱的基督教和人道主义,还是建立需要层次论的马斯洛,都只是提倡行善、向善,并没有说人性本善,故不能算作性善论。

站在精神唯物论的立场,认为"人性本善""人性本恶"都是伪命题。如前所述,道德规范和道德标准是在人际交换中产生,人类社会各个群体各有各的道德规范和道德标准,因而从来没有统一的善和恶。既然如此,善和恶怎能说成人的本性?人类如其他生物一样具有趋利避害的本性,这种生物本性既非善,也非恶。当一个人尚处于幼童时期,他头脑里根本就没有善恶观念,他的一切行为都由趋利避害的生物本性所驱使,都不存在有意行善或有意作恶的问题。例如,还不懂事的小男孩酷夏时节喜欢光屁股,你能说他耍流氓或有露阴癖和心理变态吗?只有随着年龄增长,不断接受本群体的道德灌输,才会逐渐明白什么是善、什么是恶;并且把本群体的道德规范内化为道德观念,加以自觉遵守。倘若一个人从小到大缺乏道德灌输,他就可能不会自觉遵守本群体的道德规范,而是随心所欲、为所欲为,做出损害本群体利益的行为,譬如行凶抢劫、奸淫掳掠等。对此,任何群体都不会容忍,都会斥之为恶人、恶行(这些恶行用来对付敌对的群体,却被本群体认为善,正如日本军国主义那样)。我们平时斥责一些人"没有家教""没有教养",说的就是他们自幼缺乏道德灌输。总而言之,善、恶并非天生,而是有赖于后天的道德灌输。

（四）审美需要与审美价值

1. 概述

美学是一门大学问。哲学大师从 2000 多年前就开始研究美、论证美。一般认为，1750 年鲍姆嘉通命名 Aesthetics 为"感性学"，标志了美学的正式建立。自此，更是涌现了无数的美学家及形形色色的美学理论。然而，尽管美学家们把美学的方方面面研究得很深入，却毫无例外地为"美是什么"大伤脑筋。客观唯心论大师柏拉图和黑格尔主张美是一种客观存在的绝对理念，主观唯心论者则主张美是一种主观意识；其他美学家有的主张美是事物的某些属性（如古希腊的毕达哥拉斯），有的主张美是生活（车尔尼雪夫斯基），有的主张美是主观和客观的统一，有的主张美是物的一种客观社会属性，等等。以上说明，美到底是什么至今谁也说不清！

站在精神唯物论的立场来看，对于美是什么就非常清楚明了。根据前述一系列关于价值理性的观点和原理，人类有各种精神需要，而审美需要是其中一种；主体的审美需要所指向的对象，即是审美对象；主体的审美需要与审美对象之间的关系即是审美价值；而主体对于审美价值的性质或意义所作出的评定，便是美（或丑）。对象能满足或符合主体的审美需要，其审美价值的性质即为正价值，即是美；反之，不能满足、不符合则为负价值，即是丑。据此，精神唯物论给出的定义是：所谓美（或丑），即是主体所认定的审美对象于己之审美价值的意义。按照这个定义，美是一种观念形态的东西，本质上是存在于人脑之中、与人脑有限同一的现象类物质。

审美需要作为人类的一种价值理性，是主体追求和创造审美价值的动力。没有审美需要就无所谓审美价值、无所谓美丑。审美需要又是评价审美价值、判断美丑的标准，因而审美需要便被称为审美观。审美价值是美，还是丑，便以主体的审美观为转移。由于人们的审美观各不相同，对于审美价值之美丑的评定也就因人而异。对同一审美对象有人说美，有人说丑,这就不足为奇了。这就是说,审美价值与其他价值一样具有主体性。

2. 奇妙的美感

美感,或曰审美快感,是一种特殊的感觉或情感。美学家大多主张美感不同于肉体快感,认为肉体快感只是生理欲望和冲动得到满足而引起的身心快适,而美感则纯粹是精神的愉悦。这是有道理的,因为肉体快感来源于身体某部分,而美感只在大脑里发生。

另外,既然美感是一种感觉,便属于非理性的东西。然而,正是这种非理性的东西经过人脑思维的改造,才形成了审美需要的理性。据此可以说,美感这种非理性的东西是整个美学的逻辑起点;倘无美感,便无审美需要;而无审美需要,美学也就无从谈起。

美感是一种美妙的东西。2000多年来,美感的成因和定义一直强烈地吸引着哲学大师的注意。它是一种可以意会、难以言传的感觉,莱布尼茨称之为"难以名状的东西"④。由于难以名状、难以言传,哲学家和美学家们无法给它下一个确切的定义。然而,在笔者看来,对美感的描述可一言以蔽之:精神陶醉。从而可把美感定义为:人的一种精神陶醉的感觉。人们用许多形容词描述这种精神陶醉的状态,诸如:赏心悦目、心旷神怡、心醉神迷、神魂颠倒、如痴如醉、欲死欲仙、飘飘欲仙,等等。柏拉图不无夸张地把美感描述为迷狂状态。据其描述,当人的灵魂见到尘世的美时,勾起对美的理念的回忆,因而陷于迷狂状态:先是打一个寒颤,再转变为一种从未经历过的高热、浑身发汗,"因为他从眼睛接收到美的放射体,因它而发热","在这过程中,灵魂遍体沸腾跳动,正如婴儿出齿时牙根感觉又痒又疼"⑤。柏拉图描述的这种迷狂状态,可说是美感之陶醉达到极致。如此迷狂在日常生活中似乎罕见,飘飘然倒是常有的。桑塔耶纳写道,"我们的灵魂仿佛乐于忘记它与肉体的关系,而且幻想自己能够自由自在地遨游全世界,正如它可以自由自在地改变其思想对象。可以从中国走到秘鲁,而绝不觉得身体哪部分有丁点变化。这种超脱的幻觉是使人高兴的……"⑥美感的陶醉还表现在主体忘却自我、与对象融为一体。尼采把音乐美感描述为自我忘却的酒神状态,"它和醉很相似","这些醉神的情绪就苏醒了,并且当它们达到极点时,就会使主观消失在完全的自我忘却之中"。⑦朱光潜这样描述人们对于雄伟场景的美感:"对它那样浩大的气魄,因为没经常见过,只是望着发呆。在发呆之中,我们不觉忘却自我,聚精会神地审视它,接受它,吸收它,模仿它,于是猛然间自己也振作奋发起来,……我们不知不觉地泯化我和物的界限,物的雄伟印入我的心中便变成我的雄伟了。"⑧其实不但雄伟事物,精巧纤秀的事物也同样可使人产生忘我的陶醉,例如,有女子美貌如仙自天而降、含羞微笑而秋波传情,有优美的天籁之音悠扬传来,有舞者那婀娜轻盈的舞姿如泣如诉……总使人灵魂震撼、目瞪口呆。

美感是在主体与审美对象的相互作用中产生,进而在主体脑内转化为审美需要。主体有了审美需要,便在审美需要驱动下展开审美活动(审美欣赏或艺术创造),在审美活动中继续与审美对象相互作用。这种相互作用的模式可用下式表示:

审美对象 ⇌ 主体美感/审美需要

一方面,外部环境中美的事物以其美的特性作用于主体,诱发主体的美感。古希腊哲学家亚里士多德认为,美的事物具有美的形式,即是秩序、匀称、明确。又经过几百年来艺术家、美学家的观察体验和研究分析,认定美的事物确实具有形式美的特性,不论任何事物,也不论其形状、色彩、音响、线条及数量关系,如果具备某些形式特性,如节奏与韵律、和谐与对立、协调与反差、冗突与衬托、强烈奔放与细腻柔和、对称均衡与参差错落、起伏跌宕与抑扬顿挫以及"黄金分割线",等等,就容易诱发美感。这些形式特点被统称为形式美。有人推测,这些形式美之所以能够激发人的美感,可能由于人体内部存在相应的生理和心理结构,故能令人产生心灵的谐振和共鸣,但此说尚未得到科学的实证。俄罗斯传统医学和音乐疗法研究所的所长舒沙就认为,"在音乐的定向作用下,人体器官进入最大振动状态。这叫作共振效果。结果,免疫系统得到加强,物质交换改善,康复过程和消炎过程更积极进行,人迅速恢复健康。"由于音乐确有调整人的情绪的神奇功效,现今音乐疗法在全世界都大行其道。据说美国有100多所大学开设了音乐疗法专业,培养专业的音乐治疗师。

另一方面，美感还产生于主体主动地作用于环境的过程，更确切地说，即还产生于主体的审美活动的过程。主动的审美过程包括审美欣赏和艺术创造。

审美活动会发生一种奇妙的现象：审美移情。中西美学均有移情说，描述了充满主观感情色彩的移情现象。当审美移情发生时，主体把自己的主观情感移入、灌注到审美对象之中，以致自失于对象之中。或者主体的情感膨胀泛滥，把对象吞没了。此时"登山则情满于山，观海则意溢于海"，简直是主体的情感吞并了客体的世界。在这种审美移情中，主体不论是自失于对象之中还是把对象吞没了，都是一片情景交融，无法名状的美感在心中奔涌澎湃。

审美活动中的审美欣赏，只是主体独自享受美感；而艺术创造则还把美感分享予人。艺术创造活动经千百年的发展，逐渐形成各种独立的艺术门类。例如音乐的起源，司马迁在《史记·乐书第二》中认为是为表达情感。他说，"乐者，音之所由生也，其本在人心感于物也"；"情动于中，故形于声，声成文谓之音。"又引述了名叫师乙的一位乐师的一段话："故歌之为言也，长言也。说（悦）之，故言之；言之不足，故长言之；长言之不足，故嗟叹之；嗟叹之不足，故不知手之舞之足之蹈之。"这就是说，起初人们只因极度喜悦而发出喊叫、长号、嗟叹，以至不知不觉地手舞足蹈，而后便逐渐地发展成为音乐、歌舞。随着社会发展和技术理性的进步，人们创造了日益丰富多样的艺术形式，到今天算起来起码有音乐、绘画、雕塑、建筑、舞蹈、文学、戏剧、电影电视等八大门类。

艺术创造需运用形象思维。笔者并非艺术家，不了解形象思维怎么弄，在此议论纯属臆想和猜测。据说艺术家在艺术创造过程中，开展形象思维时总是伴随着汹涌澎湃的感情，此时思维空前灵活，想象和联想犹如在空中翱翔，过去储藏于脑海深处的生动表象喷涌而出、纷至沓来，逐渐融汇和组合成全新的审美意象。这些审美意象或者是瑰丽奇异的图景，或者是饱蘸感情的旋律，或者是血肉饱满的人物形象，等等。随后，艺术家就运用绘画语言、音乐语言、舞蹈语言、书面语言等形式把这些审美意象表现出来。可见，艺术创造是一件既简单，又困难的活儿。说它简单，是主体可以凭主观想象无中生有地在头脑中构建一个个审美意象；说它困难，是因为审美意象还须用艺术语言把它表现出来，而越是诡异脱俗和震撼人心的意象就越难找到最合适、最贴切的艺术语言。这是艺术创造最关键、最困难的环节，倘能充分、完满地用艺术语言去表现审美意象，他的艺术创造就算大功告成。由此看来，审美意象应属于由非理性过渡到理性的中间产品，一旦用艺术语言表现，便转化成了理性产品。我们常常羡慕一些人能以自己的兴趣爱好为职业，他们的生存需要与某种精神需要得到完美的结合。艺术家就是这样的人。他们的需要结构中以审美需要为主导需要，在追求审美价值的同时也满足了生存需要。

3. 浪漫的审美

人们的审美需要越是丰富多彩，其人生就越是浪漫潇洒。梁启超曾专门论述美与生活的关系，他说："我确信'美'是人类生活一要素，或者还是各种要素中之最要者，倘若在生活全内容中把'美'的成分抽出，恐怕便活得不自在，甚至活不成。"⑨美学家朱光潜也说过："人所以异于其他动物的就是于饮食男女之外还有更高尚的企求，美就是其中之一。是壶就可以贮茶，何必又求它形式、花样、颜色都要好看呢？吃饱了就可以睡觉，何必又呕心沥血去作诗、画画、奏乐呢？……美是事物的最有价值的一面，美感的经验是人生中最有价值的一面。"⑩一个人在保障生存的基础上，若终生自觉地培育、修养和坚持自己的审美需要，用审美的眼光去看待整个人生中所发生的一切，那么，他就随时随处可以追求美、发现美、创造美，从而经常地陶醉在美感之中，实现一种浪漫的人生。一个人若居住于优美的自然环境，或游览风景胜地，就能享受自然美；若有闲暇及闲情逸致，去观看高水平的文艺表演、艺术展览等，则可享受艺术美。若缺乏上述条件，他仍然可以随时随地享受生活美。人类的现实生活内容丰富，睁开眼睛满是生活、一举一动全是生活：吃喝撒拉、穿衣戴帽、梳妆打扮、居家或出行、劳作或休闲、独处或交际、恋爱或战斗，等等。只要你愿意去挖掘和寻找，总能找到美感；进而还可极尽想象、联想、夸张之能事，制造出梦幻般的、可意会而难言传的审美意象，沉浸其中自我欣赏、自鸣得意，乃至得意忘形、飘飘欲仙。这就是发现了生活美，获得了生活美的美感，实现了生活美的审美价值。

人生能否享受丰富的审美价值，极大地影响一个人的生活质量和幸福感。倘若缺乏审美需要、缺乏审美享受，相对于审美富有者就大为吃亏了。然而，欲享受审美价值，还需具备审美能力。否则将如马克思指出的那样，"对于不辨音律的耳朵说来，最美的音乐也毫无意义"[①]。所以，现代教育主张加强美育，向受教育者灌输人类文化中积累和沉淀的美学成果，令其接受美的浸染和熏陶，将其感官（眼睛、耳朵）培养成能够欣赏和享受审美价值的感官，使之具备不同程度的审美欣赏和审美享受的能力，能在审美欣赏和审美享受中获得丰富的美感，甚或获得一定的艺术创造的能力。

4. 自由任性的审美观

相对于其他各种需要，人的审美需要最为自由。世界充斥着自然美、生活美、艺术美，你既可自由随意地欣赏，又可自由随意地给予美或丑的评论，还可自由随意地创造自己认为美的所谓作品。一种事物人人赞它美，我偏说它丑；人人说它丑，我偏赞它美。我就这么任性，那又怎么着？

人们对于美与丑持相反看法，这种现象在现实生活中司空见惯。例如，1887在巴黎建成300米高的埃菲尔铁塔，当时就有一批法国著名艺术家联合签名表示抗议，认为它是个丑陋的怪物。后来它却名气越来越大了，如今来自世界各地的游客争先恐后要看它一眼，赞叹它的宏伟壮观。又如，前些年我国两位著名音乐家卞祖善与谭盾争得不可开交，前者强调现代音乐必须建立在西方古典音乐的基础上，后者主张不管任何声音只要好听就是音乐。同为音乐家，对于音乐的见解却截然对立。再如，对于时尚或时髦潮流，从无统一和固定的看法。自古以来人们都追求时尚，令时尚成为人类经济活动中千年不衰的一大行业。它包括时装、首饰、美容、美体、发型等五大方面。时尚的形成，是把审美需要、衣着需要、荣耀需要以及性需要等融合而成为人体装饰美的需要。而时尚这种东西是最不稳定的，从来没有一成不变的时尚。今天众人以为美者，明天就会被视为丑；反之亦然。并且经常出现复古循环，来个"古老当时髦"。中国古代有所谓"肥环瘦燕",是指唐朝以肥为美,有美女杨玉环为代表;汉朝以瘦为美,有美女赵飞燕为代表。中国封建时代后期以小脚女人为美,而现代女子以高瘦为美,并穿上尖头高跟鞋,以塑造挺胸翘臀、婀娜多姿的效果。如此自由任性、变动不居的审美趣味,套句俗话就是"只要自己开心就行","只管自己臭美,无需理睬别人!"

辩证法揭示的"物极必反",应用在审美价值上就是美极必丑。现实生活中的确存在由美变丑的情形。最典型的就是因求美而走火入魔,最终获得丑。"不作不死",做过头了,美便转化为丑。有报道成都某医院为6个女孩施断腿增高术,即把两小腿锯断,再用延长器拉长固定,如此增高10厘米需花半年多时间和6万多元。这是一种高风险手术,一旦失败就会变成跛子,效果适得其反。当今成为时尚的整容手术同样高风险,什么拉脸皮、抽脂、隆胸,等等,经常是"美容不成反毁容"。有报道称"10年毁了20万张脸""美鼻鼻子缺了一块""隆胸隆出了人命",等等。据报道,2007年广州一位60岁阿婆为让自己变为年轻靓丽,花25万元到华美医学整形美容医院做整形手术。手术做了12小时,她随后死亡。举世闻名的典型例子是已故的美国流行乐坛明星迈克·杰克逊,曾做12次整容手术,其中,鼻子6次、下颚3次、嘴唇2次、面颊1次,以至他的脸孔变得很恐怖,他那"世界上最脆弱的鼻子"古怪难看,还不时往下掉皮肤碎屑。

若把刺激需要加入审美需要,搞不好会令人疯狂。现代西方艺术的先锋派就是典型例子。他们认定世界荒诞、历史荒诞、人生荒诞,所以就绞尽脑汁创作荒诞作品。一位雕塑家的作品是把赤裸的自己制成木乃伊,弄得自己差点窒息;另一位女雕塑家的作品是把一座房子改造成坟墓,为此二人荣获英国名为特纳奖的艺术奖。中国的行为艺术家,有的曾在广州二沙岛美术馆广场表演"杀鸡"的行为艺术,一刀又一刀地猛刺装在白布袋内的鸡,随着一阵阵凄厉的鸡叫,雪白的布袋涌出一股股鲜血。有的曾在南京清凉山公园表演《五月二十八日诞辰》,表演者裸体钻入血淋淋的死牛腹中,让人用线将牛肚缝合,过一分钟再自行用刀割开缝线钻出来。有的赤身裸体涂满蜂蜜,坐在一个肮脏的厕所里2小时,让身上落满苍蝇。音乐界则出现偶然音乐、噪音音乐、电子音乐、具体音乐等。美国当代作曲家约翰·凯奇创作的《金属结构》曲子，由 7 名演奏者拿着碗、锅、铃、金属棒、洋铁皮和锣，随意地敲打。日本曾出现"掌嘴音乐"，由演奏者在充当 7 个音阶的 7 人脸上拍打，时而和风细雨地轻拍，时而电闪雷鸣地左右开弓，打得那些"音阶"摇摇晃晃、站立不稳，却还尽量保持挺立，认真地等候下一巴掌的到来。在这种惊世骇俗的先锋派影响下，当今世界掀起了以丑为美的潮流（注：这里所谓丑，是基于社会主流的评价标准）。就人体装饰来说，美国流行在身体上穿洞，有的在舌头上穿五六个洞，伸出舌头赫然拴着一排银环；或在耳垂、鼻子、嘴唇、眉毛部位、腋下、乳头、肚脐等处钻孔，再挂上灯泡、开瓶起子、扳手、链条等杂物。2006 年 32 岁的英国人卡姆·玛曾展示身上穿刺的 1015 个金属环，他原想穿 3000 个，但穿到 1015 个时就休克了。美国时装界还曾时兴用活蟑螂作饰物，让模特戴着用活蟑螂制成的耳环、戒指、手镯等，在天桥上搔首弄腮、扭捏而行。1995 年起美国流行光头美女，当年一位美丽的舞蹈演员在"美国光头小姐"大赛中荣获冠军，据说光头使她更加魅力四射。欧洲的新潮流则是女子用雄激素使自己长出胡须。还有别的前卫行为，如全身着黑并嘴唇涂黑，把头发造成魔鬼、恶鹰、山鸟等发型，等等，不一而足。看了上述"先锋"事迹，不知令你反感还是美感？如果是后者，那就恭喜你成为"先疯"分子，可以加入"先疯"队伍了。如欲模仿他们创作"先疯"艺术，恳请你躲在自己家里或隐秘的场所进行，以免吓着别人。

（五）刺激需要与刺激价值

在漫长的人生过程中，人们总会在某个或长或短的时期产生烦闷无聊的情绪，严重时甚至抑郁烦躁、身心疲乏。尤其在各种需要获得基本满足之后，往往无所事事、百无聊赖。此时，一种求爽消闷的愿望油然而生，这便是刺激需要。于是，通过各种追求刺激价值的活动，从中获得一种爽快的感觉，可称爽感。此时，刺激需要获得满足，主体将一改百无聊赖的状态，变得积极活跃、热烈兴奋、充满活力。

爽感的特点，一是有别于单纯的生理快感，似乎是生理上的畅快与精神上的愉悦相融合，呈现整个身心的清爽、爽快、舒畅、轻松。二是有别于单纯的审美美感，虽然感到精神愉悦和快乐，但又尚未达到美感那样的陶醉程度。然而，爽感有时与美感相融合，既爽快又陶醉。

人们在刺激需要驱动下追求刺激价值的活动，可以说花样百出、推陈出新。最传统的是各式各样的娱乐活动和体育活动，除此还有各式各样的游戏和博弈。

传统的娱乐活动，主要形式是唱歌跳舞。如果只坐在那里欣赏歌舞，那叫审美欣赏。如果亲自参与唱歌跳舞，则是审美与刺激相结合了。当今大众化的娱乐歌舞，是唱卡拉OK、跳广场舞等。而狂欢活动则把娱乐歌舞发挥到极致，几乎变成一种疯狂。狂欢节起源于古埃及，如今流行于全世界。巴西的狂欢节举世闻名，在每年狂欢节的三天三夜里，全国男女老幼涌上街头，奏起桑巴曲，跳起桑巴舞，剧烈摇摆腰身和臀部，全身每一块肌肉都在抖动。此时忘掉一切忧愁和烦恼，如痴如醉，尽情狂欢，直到筋疲力尽，就地倒下，呼呼大睡。

体育活动与娱乐活动一样，也有单纯观看和亲自参与之分。如果是观看艺术体操、花样滑冰、水上芭蕾之类体育项目，就算审美欣赏了。如果是亲自参与，则主要是为满足刺激需要，求得爽感。一般人观看体育节目，多是利用闲暇时间，或者有规律地安排少量时间；亲自参加体育运动的，则有业余与专业之分。倘以某种体育运动为职业，则是把刺激需要与生存需要完全结合了。在这种情况下，刺激需要成了主体的主导需要。

体育运动不论是单纯观看或亲自参与，越激烈就刺激，可令观众激动得狂呼乱叫、顿足捶胸，最后跟运动员同样筋疲力尽。在当今世界，许多人对一般的传统体育项目已了无兴趣，而是开展五花八门的更具强烈刺激的"极限运动"，包括攀岩、空中滑板、高山滑翔、激流皮划艇、冲浪、蹦极跳，等等。美国《国家地理冒险杂志》于1999年评选出全球25项最惊险而精彩的冒险活动。乘气球飞行的冒险运动由1783年法国德罗齐埃发端，200多年来不断有人进行这种冒险运动。美国的百万富翁、冒险家福塞特自1997年起经历5次失败后，2002年终于在15天里飞行31000公里，成为单人驾驶热气球不间断环球飞行的第一人。2007年他为创造另一个纪录而驾机寻找合适地点，不幸坠机丧生。当今世界流行T型运动的死亡游戏（T 取自英文 thrill，意为震颤、战栗）。其中有德国青少年玩的"汽车滑浪"，即先驾车飞驰，然后爬上车顶或从车窗伸出大半个身子；或者，爬到高速行驶的火车顶上嬉戏，有的为此在隧道口撞得粉身碎骨；更有甚者，在大厦里攀上升降机，当另一架升降机经过时，就跳到那架升降机上。"蹦极跳"（Bungee jumping，又称为"笨猪跳"）是 20 世纪 70 年代末 80 年代初澳大利亚和新西兰一群年轻人发明的游戏。他们到新西兰女王城外一个深谷，上有凌空横跨两崖的铁桥，下是湍急的溪流和嶙峋怪石，玩者双腿紧绑，从桥上跳下深谷，当头朝下快撞到崖底时脚上系着的弹力绳带动人向上反弹，如此反复七八次才停定，这时一艘橡皮艇驶出来把惊魂未定的人"打救"下来。这种玩心跳和体验死亡感觉的游戏现已风靡全世界，本来是年轻人玩的，但英国一位 78 岁老太太也去尝试，因为她主张人生在世要"吃得舒服、活得有趣、死得自在"。徒手攀岩运动在西方由来已久，1992 年 7 月 19 日在美国惠特尼山发生一桩攀岩事故：罗夫曼和莫莉娅丝夫妇一前一后攀到接近岩顶时，由于岩石潮湿光滑，罗夫曼突然坠落，此时妻子喊着他的名字张开双臂扑向丈夫，夫妻紧紧拥抱着，双双坠向 700 米深的崖底，这是何其悲壮的一幕！美国还时兴骑马冲下 90 度悬崖的运动，诸如此类，使美国人获得世界上最爱冒险民族的名声。

  各式各样的游戏和博弈也属于刺激形式。游戏与博弈往往以比赛的形式进行，而比赛具有竞争性，使人既满足刺激需要，又满足荣耀需要，或还得到实物奖励，从而使刺激力度大大增强。当今人们已不满足于玩传统的游戏，挖空心思发明出五花八门、不可思议的游戏方式。例如，媒体不时报道世界哪个角落正在举行大胡子比赛、长鼻子比赛、耳朵角力赛、脚趾角力赛、接吻比赛、吝啬比赛、暴食比赛、吃辣椒比赛、说谎比赛、大声比赛、选丑比赛、丑狗比赛、斗狗、斗蟋蟀，等等，可统称"荒诞比赛"。

  "游戏"一词含义广泛，可把种种寻求刺激的活动都包含在内。例如当今流行的许多"贴钱买难受"的行为。俄罗斯有家"卢迪科俱乐部"，专门组织富翁在绝对保密的情况下体验另类刺激，例如去巴黎当乞丐，去威尼斯当街头艺人，去日内瓦当公交车验票员，或在莫斯科当一晚餐馆服务员、出租车司机、流浪汉、妓女。加拿大人贝福德经营的"虐待俱乐部"提供鞭抽屁股、打耳光等各类虐待服务,竟然生意兴隆。众多爱好受虐者在此能享受到被虐乐趣。也有花钱去体验坐牢滋味的。美国人贾拉西用一座旧监狱开设了监狱宾馆,让客人接受像囚犯一样的待遇,房租每人每天 100 美元,结果天天爆满。英国也有一座依照德国纳粹集中营的场所,来此度假者每人先交 30 英镑方得入内。在这里要被强制劳动,吃的是发霉面包和稀粥;"盖世太保"还要审讯折磨他们,令其招供事先他们接受的"秘密使命";若他们逃跑,电视摄像机和探照灯会协助"党卫军"很快把他们抓回来,然后投入又冷又湿的牢房。

人类凭着丰富的想象力,已经创造出不可胜数的刺激方式。可以预见,更多稀奇古怪的方式还将层出无穷。中国古语"一张一弛,文武之道",适当的刺激可调节生活,令身心放松,有益健康。我国已故的著名经济学家、哲学家于光远 1995 年 2 月 24 日在《羊城晚报》发表题为《大玩学家》的文章,主张"玩是人生的基本需要之一。要玩得有文化。要有玩的文化。要研究玩的学术。要掌握玩的技术。要发展玩的艺术"。一连讲了六个玩字。他只讲狭义的玩,就是游乐和休闲——一种工作之余的轻松愉快的活动,一种会给人带来欢乐的活动,而不包括玩刀、玩枪、玩命、玩花招或玩其他什么什么。这些话指明:既要鼓励玩,又不可随便乱玩。追求刺激应只限于游乐和休闲,切记不可玩过头,否则乐极生悲。有一些不良的刺激方式已被证明极其有害,例如赌癖(又称为"强迫性赌博")、网瘾、毒瘾、纵火癖、偷窃癖等,对自己、家庭和社会都将造成严重危害,确需高度警惕,坚拒诱惑。尤其是吸毒毁人一生,千万莫沾!

(六)好奇需要与奇货价值

首先说明:这里所说"好奇需要"中的"奇"字,是"稀奇"之意。即把"奇"字含义稍微扩大一些,变为"稀罕而奇特"。

人们普遍有好奇需要,主要表现有两个:第一,人们普遍有好奇心,并由好奇心发展为认知需要。第二,人们普遍追求奇货即稀缺罕见的东西，由此发展为奇货需要。为了简化分类和精减篇幅，笔者把认知需要、奇货需要归为一类，统称好奇需要。

认知需要指向之奇，是神秘怪异之奇；奇货需要所指向之奇，是稀缺罕见之奇。不论何种奇，反正都是奇，包括神奇、奇妙、奇怪、奇特、奇异、稀奇、等等。若用奇字组词，从词典上可查到几十个，从网上可查到几百个，基本上都可归入以上两大类。关于好奇心和认知需要，在下篇第三部分述及"三大理性的区别和联系"时已作详述，这里不再重复。以下只描述奇货需要。

常言道"物以稀为贵""奇货可居"，人们的奇货需要总是指向那些稀缺罕见之物。若无法弄到手，只好一睹为快；若能弄到手，更以占有为快。最典型的表现就是收藏。收藏家收藏自己喜爱的某种奇货，从中获得无与伦比的快乐。歌德说过，"收藏家是最幸福的人"。我国当代著名画家林墉说，希望拥有某些东西是人类的欲望，他见过因爱好收藏、弄得节衣缩食甚至倾家荡产的人，可能那人拥有无价藏品，却每天喝白粥吃咸菜，不过那人却无比快乐。据报道，有个性情古怪的老伯藏有一块百年金壳名牌怀表。他常独自在偏僻花丛中玩赏这个心爱宝贝，如痴如醉。玩友说那是他倾终生积蓄专程回广东台山家乡购回的，当时曾长叹一声"今生足矣！"记者千方百计接近他，旁敲侧击以探秘，但他始终微笑着，不置可否，也不肯把怀表拿出来让记者一观。据1997年的报道，当时收藏热已风靡中国，收藏大军近2000万人，从传统的文人雅士，普及到干部、工人、农民、教师、学生等各行各业。传统收藏品有书画、邮票、古董、钟表、钱币等，但是其他诸如商标、门券、粮票、火花、彩票、勋章、像章、钥匙、纽扣等杂七杂八的东西，只要属于稀罕奇特，都有人当宝贝收藏起来。这种现象在全世界有普遍性。英国于1969年取消死刑，职业剑子手皮尔波因特绞死最后一名死囚，他因此成了一个活宝。在他活到87岁死去后，其脸部石膏复制品以3500英镑成交，其日记以2万英镑被人买去。又如，瑞典的驼鹿很稀罕，旅游局官员乔因就把驼鹿屎当作独一无二的纪念品售给外国旅游者，每瓶10～15粒驼鹿屎卖6美元。他送了几瓶给皇宫，结果引出"国王收屎表感谢"的趣闻。

一般人虽然喜爱奇货，但不一定做收藏家。做收藏家，他的奇货需要就成为他的主导需要。做收藏家还得有经济实力。精明的收藏家采取以交易养收藏的办法，譬如开个古玩店，"三年不发市，发市够三年"，轻松赚取超额利润，又清闲自在。贫穷的收藏家最伤脑筋的是生存需要与奇货需要之间的矛盾。写出"人比黄花瘦"千古名句的宋朝女词人李清照，在《金石录后序》中描述了夫妇爱好收藏的凄美故事。她和丈夫赵明诚爱好收藏钟鼎石刻，因家境贫寒，常常典当衣物换得钱来购买藏品，回到家便"相对展玩咀嚼，自谓葛天氏（传说古时大同时代的帝王）之民也"。一次见到有人出售南唐徐熙的牡丹图，要价二十万钱。"当时虽贵家子弟，求二十万钱岂易得耶！"把画留在家里，过了一夜计无可出而还之，夫妇相向惋怅者数日。她夫妇节衣缩食聚集了大量书画古器，但在兵荒马乱的年代里全部散为云烟。李清照椎心泣血，痛呼天意，最后在"寻寻觅觅，冷冷清清，凄凄惨惨戚戚"的逆境中郁郁而终。所谓盛世兴收藏，中国2008年已有300多家私人博物馆，此后更如雨后春笋般不断涌现。有句谚语"荒年谷，丰年玉"。每当兵荒马乱年代，粮食成了奇货，变成"米珠薪桂"；而曾经价值连城的珠宝玉器和书画古玩，此时粪土不如了。此时生存问题到了生死攸关的地步，和平年代追求奇货的那个雅兴，也就烟消云散了。

收藏品卖出天价，是最令人迷惑不解的现象。如果加入奇货价值等精神价值的因素，现代西方经济学的供求关系理论就可以讲得通。但若应用所谓"价值规律"，就无法作出令人信服的解释。从精神唯物论的立场出发，就很好理解。最根本原因在于人们有奇货需要，再与其他多种需要相结合，令奇货卖出天价就不足为奇了。具体理由有以下五点。

第一，由于人的奇货需要，令奇货有奇货价值。曾有美国人以1亿美元向中国索购1个秦始皇兵马俑，于是有人提议卖几个兵马俑以获得保护文物的资金。此议一出，被人斥责为出卖祖宗。只因事关国家和民族的自尊，世界上没有哪个国家出卖珍贵文物的。但若真的把兵马俑成百上千地卖掉，世界各地随便就能见到，那时它的奇货价值就衰减到不值1亿美元了。所以，文物古董之所以珍贵，最主要原因在于稀罕甚或绝无仅有。1981年一枚中国战国时代的刀形古币在伦敦拍卖出210万美元，为它的主人中国侨民李尚达挽救了濒临破产的李氏公司和整个李氏家庭。美国于

1846年发行、面值5分、被称为"蓝色男孩"的"邮政局长临时发行邮票"，今存世仅一枚，在1981年拍卖出100万美元；一枚1857年发行的瑞典绝版邮票，在1996年创下售价226万美元的世界纪录。2004年5月，西班牙画家毕加索的油画《拿烟斗的男孩》卖出1.04亿美元，成为当时世界上最昂贵的油画。2006年6月，奥地利画家古斯塔夫·克利姆特的油画《阿德勒·布洛赫-鲍尔夫人》以1.35亿美元成交，创下世界最昂贵油画新纪录。没过几个月，到2006年11月，美国画家杰克逊·波洛克的画作《第五号，1948》卖出1.4亿美元，打破了这个纪录。到2012年，法国画家保罗·塞尚的画作《玩牌者》被卡塔尔王室以2.5亿美元买下，又创造了更高的纪录。不要说这些稀罕的名画，即便其他称得上奇货的东西，很多也能卖高价。例如花鸟虫鱼或宠物，品种越是珍稀价钱就越贵。名叫"黄帝兰"的兰花，1株可卖12万美元；"达摩兰"则超过110万港元。1条小小的红龙鱼卖2万多元，1只蟋蟀卖数千元甚至上万元。成都曾有1条西施犬卖出38万元，不亚于1辆高级轿车。

第二，由于人的荣耀需要，令某些奇货兼有荣耀价值。例如，若奇货系名人的作品或遗物，就兼有奇货价值和荣耀价值，因为占有此类奇货可增加炫耀的资本，似乎与名人沾上了边。而且，与奇货有关的名人，不论他是大英雄还是大坏蛋，不论他的作品或遗物、哪怕是乌七八糟的东西，都被追求者当作奇珍异宝加以收藏。名人墨迹尽管书法恶劣却备受推崇，甚至其垃圾也值钱。美国一老夫偶然发现比华利山豪华住宅后的垃圾箱有多位明星遗弃的垃圾，于是开设一家"明星古董店"专卖他拾来的明星垃圾，生意居然不错。1972年周恩来总理宴请尼克松总统，1名加拿大记者在宴会结束时捷足先登把尼克松用过的筷子抢到手，并高高举起让众人拍照以作证据，此后很快就有人愿出2500美元买这双筷子。美国已故明星梦露的一副乳罩在1981年以1040美元成交，一件缀有6000颗人造钻石和金属片的丝绸礼服则在1999年卖了126万美元；英国查理一世的一团头发在1995年卖得7000美元。拿破仑死于1821年，遗体的很多器官被后人收藏着，他的生殖器以27000英镑售价售予美国一位泌尿学专家。名人完整的尸体就更值钱了，例如1993年德国一位商人写信给当时的俄罗斯总统叶利钦，想以100万马克买下列宁的遗体。

第三，由于人的刺激需要，令某些奇货兼有刺激价值。例如，一个被新加坡处以鞭刑的美国青年，因其故事被拍成电影而得250万美元，拍成电视片得100万美元，拍屁股照片又得很多钱，这张受了鞭笞的屁股共为他带来400万美元的外快。许许多多同样挨过新加坡鞭刑的人都白挨鞭子了，唯独此青年得益于美国人爱炒作，把他的屁股炒红而成为罕见奇货，于是谁去看一眼他的屁股都得付钱。又如，美国曾有人在某书店门口自焚，使书店里仅有的3套恐怖小说《吸血》染上自焚者皮肉的烧焦味，使此书既有恐怖内容又有恐怖气味，而且数量仅3套，书价由每套50美元涨到600美元。

第四，奇货愈珍稀，愈成为抢占目标，令普通大众不敢踏足，导致奇货买卖成为富人的小众化市场。很多富豪钱多到成为没用的数字，一旦志在必得，不在乎价钱多高，反而越高越豪气。

第五，奇货兼有奇货价值和实用价值。这里有两种情形。一是只要存在奇货市场，奇货既可换现，又可作为投资。例如钻石、珠宝、黄金之类奇货，数量极小就可换取大量金钱。二是某些奇货的生存价值，成为人们疯狂觅求乃至殊死争夺的对象。例如，上面提到的兵荒马乱年代"米珠薪桂"的现象。又如，过去的许多不治之症如今可通过器官移植而治愈，于是人体器官成为稀缺昂贵的奇货，因而滋生了猖狂的黑市交易。水具有生存价值，地球虽遍布河川大海，但因环境污染及其他因素而使水成为十足的奇货。在印度尼西亚的雅加达，清洁的饮用水比汽油贵；在英国瓶装水比牛奶贵，在科威特则与酒的价格差不多。在广东清远市的石灰岩地区有个皇宫村，住在"皇宫"里的家家户户不锁房门，唯独水坑要筑围墙并上锁。尽管里面只有墨绿色的一洼死水，还有小虫蠕动，却比金子还珍贵。当人类进入21世纪之时，中国北方闹水荒，华北平原由于连续5年干旱而致人畜庄稼全部断水，当时串亲戚带桶水成为重礼。如今令人忧心忡忡的是，恐怕继水之后，空气和阳光也将陆续变成奇货了。

奇货卖出高价，除上述外还有其他复杂因素，譬如那些属于艺术品的奇货兼有审美价值，文物古董兼有历史文化价值。奇货的制造需一定成本，如拍卖师高明的煽情艺术，拍卖行与卖方的勾结炒作，宏观经济的繁荣或萧条影响有效需求，等等。然而，最根本的因素在于人的奇货需要，其他都属次要，有的甚至可忽略不计。读者若有家传珍宝，定要储于银行保险箱，伺机摇身一变而成亿万富翁。

注释：

① 《马克思恩格斯选集》第1卷，人民出版社1972年版，第254页。
② 中共中央文献研究室、中共湖南省委《毛泽东早期文稿》编辑组编：《毛泽东早期文稿（1912年6月—1920年11月）》，湖南人民出版社2008年版。
③ 《德意志意识形态》，载《马克思恩格斯全集》第3卷，人民出版社1972年版，第275页。
④⑤ 陆一帆主编：《美学原理学习参考资料》，海南人民出版社1986年版，第1168页。
⑥ 陆一帆主编：《美学原理学习参考资料》，海南人民出版社1986年版，第1176页。
⑦ 陆一帆主编：《美学原理学习参考资料》，海南人民出版社1986年版，第276页。
⑧ 陆一帆主编：《美学原理学习参考资料》，海南人民出版社1986年版，第230页。
⑨ 陆一帆主编：《美学原理学习参考资料》，海南人民出版社1986年版，第17页。
⑩ 陆一帆主编：《美学原理学习参考资料》，海南人民出版社1986年版，第25页。
⑪ 陆一帆主编：《美学原理学习参考资料》，海南人民出版社1986年版，第1040页。

七、综合价值综述

当笔者把人们各种主要的需要进行分类时，发现有几种既无法归入生存需要，又无法归入精神需要；它们都与生存需要、精神需要相联系，但又不是单纯的生存需要或精神需要。其主要特点是：不只跟个别或少数的其他需要相结合，而是与所有的其他需要相结合；它们渗透、融合于所有的其他需要之中，分别对其他各种需要起到推动或统率的作用，所有的其他需要都离不开它们。所以，它们是综合性的需要，可称为综合需要。综合需要所指向的价值，便是综合价值。这样的综合需要主要有四种：工具需要、自由需要、信仰需要、幸福需要（终极需要）。这些综合需要的内容特别丰富，并牢固扎根于人脑，影响或支配着我们人生。以下分述之。

（一）工具需要与工具价值

人类以制造和使用工具从动物界脱颖而出，同时也使自己变得高度依赖工具。人类世世代代积累下来的宝贵遗产，几乎都属工具性质，以致每个人一出世，就立即处于各种工具的包围之中；他所受到的一切照料，无不借助于各式工具。幼儿学习使用的第一种重要工具是语言，从而获得人际沟通的能力；其次是学会使用日常用品，进行吃喝撒拉、穿衣戴帽、洗脸刷牙等；到学龄期则开始使用纸笔以及学习书面语言。人们一辈子都离不开各式各样的工具，倘若没有任何工具可供使用，将会束手无策、寸步难行。

工具可分为技术理性与实物工具两大类。技术理性（或称为工具理性）是指存在于人脑之中、与人脑有限同一的观念形态的东西。实物工具则是技术理性外化而成的环境物质，这些环境物质有的属于社会环境

（人际环境），有的属于人工环境（人化自然）。

1. 关于技术理性

下篇第三部分"人类的三大理性"中，已专门阐述了技术理性的本质，这里不再重复，只是再次强调其重要性。刚才我们说到"人们一辈子都离不开各式各样的工具"，可能有人马上反驳："错！事实并非如此，很多事情不需工具可徒手去做，并非没有工具就一筹莫展！"是的，你说得对，只不过你对工具的理解局限于实物器具，确实很多事情可以不用实物工具。例如吃喝撒拉可徒手去抓、去抹，不需餐具和手纸；睡觉可露宿，不要房屋或帐篷；过河可凫水，不用桥；出行可徒步，不用车船；耕田可手植，不用犁耙；战斗可拳打脚踢，不用刀枪……但是，当我们把技术理性也归入工具范畴，这样就任何人的任何行为都离不开工具了。技术理性以观念形态存在于大脑，在特定意义上等同于知识，是关于工具、技术、办法方面的知识，因此可称为"技术知识"。它包括人脑中的语言、思想方法、思维模式、科学知识、规划和设计、计划和打算、策略和策划、战略和战术、权术和骗术、经验和手段、技术和技能，等等。

人是理性动物，为了干成一件事，莫不花费心思：一方面要认识对象以得出真相理性、认识自己以得出价值理性；另一方面还要想出办法来，这个办法即是技术理性。合适的技术理性有时以灵感的形式闪现于脑海，如所谓"灵机一动""急中生智""眉头一皱，计上心来""踏破铁鞋无觅处，得来全不费功夫"。更多的时候却须遵循"愚者千虑，必有一得"之古训，绞尽脑汁，想方设法。当然，技术理性并非头脑里固有的、凭空产生的，而是必须预先积累丰富的信息原料。也就是说，主体必须刻苦学习，向前人学习、向别人学习、向书本学习、向实践学习，并创造自己独特而高效的技术理性。常言道"吃一堑，长一智""失败乃成功之母"，可见失败的教训乃是最宝贵的技术理性。总而言之，作为理性动物，人类必须预先习得或制作技术理性储存于大脑，否则将束手无策、无法开展行动，或者胸无成竹、盲目行动。

这里不去详述其他的种种技术理性，只说其中最为特殊的技能。常言道，"一技傍身，衣食无忧"。一个人经过特定的技能训练，掌握某种特定的技能，便有能力从事某种专门职业，借以养家活口。一个武艺高强的人，能轻易打败不懂武术者。一个窃术高明的小偷，掏人腰包时令人毫无觉察。技能本身并非是看得到、摸得着的实物工具，然而它确实是一种工具，即是存在于人脑之中的技术理性。人脑中的技术理性通过神经系统直接指挥全身，这就等于主体把全身包括五官、躯体和四肢都作为工具。经过特定技能训练的人，他的大脑习得并储存着运用这种被称为技能的技术理性；在心理学中被称作大脑的"动力定型"，可令技能动作变成"自动化"的动作。经常有报道残障人士具备某种技能，例如聋子会演奏打击乐，听来令人难以置信。苏格兰的伊夫琳·格莲尼听不到一切声响，但她全身都能敏锐地感觉到声音的震动。在伦敦皇家音乐学院老师的鼓励下，她爱上了打击乐器，最终成为世界有名的打击乐器演奏家。由此可见，技能这种技术理性是奇妙而好使的工具，既有利于谋生，或者还可用于精神享受，亦即生存价值和精神价值兼得。最好多学几样，总会"英雄有用武之地"，可谓终身受益。

2. 关于实物工具

实物工具是由技术理性外化而成的环境物质，可分为两类。一类是社会环境（人际环境），称为社会工具；另一类是人工环境（人化自然），称为实用工具。

先说社会工具。把社会环境物质纳入工具范畴，可以说是独特见解。社会环境，包括社会关系、社会组织、社会意识形态。若从宏观的角度，即从人类群体（社会有机体）的角度出发，这些社会环境物质是人类群体通过内部相互作用而共同创造的，其实是群体主体自身的组成部分，并不是自己的环境。但从微观的角度即从个体的角度出发，这些东西又成为他身处其中的社会环境。对个体来说，可把各种社会环境物质作为工具来使用，这种特殊的工具便是社会工具。

社会工具之一是社会关系。人是社会动物，每个人离不开社会关系。一方面，人与人之间结成社会关系而共同组成社会群体，每个人都依存于他的社会关系之中，并在不同的社会关系中担任不同的社会角色。另一方面，社会关系作为每个人的一种社会环境，可成为他为满足各种需要、追求各种价值而利用的一种工具。

社会工具之二是社会组织。社会组织又称为社会有机体，由各种社会关系联结而成。人类互相之间结成各种社会关系的同时，按照一定规章，约定俗成或自然而然地建立各种特定结构的社会组织。个体作为社会组织的成员，既可利用各种社会关系作为工具，以开展组织内部的相互作用；也可利用所在组织作为工具，以开展与外部环境的相互作用。由于社会关系和社会组织都是众多个体构成的，因此个体把社会关系或社会组织当作工具加以利用时，实际上是把他人当作工具。

任何社会组织内部都组成金字塔式的层次结构，从上到下对该组织进行管理。由此产生了权力和掌权者。而权力是人类所有各种工具中最强有力的，可说是"工具之王"。掌握最高权力者，能最大限度地利用社会组织作为工具。按照社会组织全体成员的本来意愿，是期望掌权者把权力用于管理公共事务。然而掌权者一旦获得权力，客观上他便具备了把社会组织当作他私人工具的条件。权力的特征之一是具有强大诱惑力，它似乎是个具有魔力的、你想要什么就能从中唤出什么的宝囊。谁得到这个宝囊，谁就有了满足自己各种需要的最有力、最方便的工具。恩格斯说，"自从阶级对立产生以来，正是人的恶劣的情欲——贪欲和权势欲成了历史发展的杠杆"[①]。在这里，恩格斯把人的权力需要和生存需要并列为人类社会发展的两种根本动力。英国哲学家罗素也说，"在人类无限的欲望中，居首位的是权力欲和荣誉欲""爱权之心人皆有之""权力欲是正常人性的一部分"[②]。于是，古今中外有无数英雄豪杰或精英人物，都拼命地追求权力工具。

在多数社会组织中，权力背后都站着暴力，它依托软性或刚性的暴力从上至下施行控制和管理。因此，当下层成员反对掌权者滥用职权时总是受到压制，矛盾激化时便遭受暴力镇压。可见，掌权者用权能否依照全体成员的意愿做到出于公心？这既有赖于真正有效的监督和制约机制，还更有赖于掌权者政治道德。遗憾的是，对于政客的政治道德，人们的普遍印象是"说谎"。

社会工具之三是社会意识形态，包括法律、规章、道德、礼仪、传统习俗等。意识形态作为人类社会有机体的精神现象，与所属社会有机体有限同一，是社会有机体自身的组成部分。而个体也可以把意识形态当作工具，对他人、对社会环境施加影响和控制。

再说实用工具。其种类和数量如恒河沙数、无比庞大，包括各种技术理性的信息载体和实用器具，相当于波普所说的"世界三"。从碗筷到牙刷，从眼镜到手机，从钞票到证券，从楼房到马路，从书籍到媒体，从机器到网络，从车船到飞机，从匕首到核弹……凡所应有，无所不有。我们时时刻刻沉浸在实用工具的汪洋大海之中，时时刻刻在学习和使用实用工具，也时时刻刻在创造新的实用工具。实用工具的种类实在太多，既不可能，也无必要一一描述了。

关于工具需要这种综合需要，就简述至此。此时突发奇想：让我们开展一次评选工具冠军的活动，从实用工具和社会工具这两大种类中，各选一个威力最大、最令人生畏的冠军。笔者打算把实用工具冠军的票投给高科技，把社会工具冠军的票投给权力。为何高科技是实用工具冠军？马克思说："手推磨产生的是封建主为首的社会，蒸汽磨产生的是工业资本家为首的社会。"③现代高科技也许会产生一个什么社会。按照马列主义的科学社会主义理论，人类社会历史发展的必然规律是社会主义和共产主义社会最终取代资本主义社会。共产主义社会也就是中国人民自古以来梦寐以求的大同世界，不知高科技能否产生一个大同世界？但是，现代高科技不断改变人们的生活方式却是活生生的事实。可不，仅是智能手机的普及就产生了满街的"低头族"。至于是否可畏？做"低头族"并不可畏，可畏的是凡最新高科技都优先用于制造更厉害的杀人武器。单是全球现存的核武器，就足以毁灭全人类若干次。从这个角度看，高科技岂不可畏？至于权力这种工具冠军，威力之大无须说，更无须说随时可置人于死地，不亦可畏乎？人类自己制造出来的东西成为威胁自己生存的对立面，这就是黑格尔和马克思所说的异化。人类如何克服这种异化？说来话长。反正一句话：人类克服这种异化之日，便是摆脱蒙昧之时。

（二）自由需要与自由价值

同属地球生物，动物比植物幸运，因为享有更多的自由。动物能自由地跑跑跳跳、窜来窜去、飞来飞去。植物呢，只能安静地在一个固定的地方扎根、开花、结果。人类作为一种动物当然享有动物的自由，而且，人类还享有其他动物所没有的思维自由。人们可随意想象、尽做美梦，亦可胡思乱想、想入非非，多么惬意、多么快活！这样一比较，人类真可以知足常乐了。

人人都向往自由，没有人拒绝自由的。试设想一下，当我们在谋利抗害本性的驱动下，为了满足任何需要而去追求相应的价值时，都能享有自由，都不受约束、毫无阻挡，那该多好！那样的话，可以天马行空，独往独来，为所欲为、随心所欲，只要你愿意、只要你喜欢；一切都是心想事成、如愿以偿！这是多么痛快、多么潇洒！可见，自由是人们在追求满足任何一种需要时所期望的理想状态，这种理想状态便是自由的价值所在。因此可以说，自由的需要融进人们的每一种需要，是一种重要的综合需要。

然而，在现实生活中，每当人们为满足任何一种需要而追求相应的价值之时，往往遭遇到种种障碍、阻挠、束缚、限制、禁止、压迫……这便是不自由。种种不自由给人们造成莫大的痛苦，最严重的时候令人生不如死，产生不如一死了之的念头。革命者受到打击迫害、失去人身自由，便发出吼声："不自由，毋宁死！"还有激情洋溢的诗篇："生命诚可贵，爱情价更高。若为自由故，两者皆可抛！"可见，在自由需要方面，人类谋利抗害的本性表现为：谋自由、抗阻碍。自由需要指向自由价值，自由是正价值，阻碍是负价值。

人们向往自由，而现实生活中总是不自由，这就令人提出疑问：世上到底有无绝对自由？哲学家喜欢谈论诸如"绝对之中有相对、相对之中有绝对"的辩证法，然而辩证法只是相对真理，只能适用于特定的范围。与辩证法表面上相对立的形式逻辑，同样也是相对真理，同样只能适用于另外的特定范围。在这个到底有无绝对自由的问题上，按照辩证法可以夸夸其谈地说什么"在一定条件下自由具有绝对性"，等等，但是，笔者觉得这种话太过玄奥。绝对就是绝对，何必额外弄出个"绝对性"形式逻辑就不会如此高深莫测，而是简洁明了、通俗易懂。根据形式逻辑，可明白无误地断定：不存在绝对自由，只存在相对自由。更准确的表述是：不存在无限自由，只存在有限自由。这是因为，人的行为受到无数客观、主观条件的限制。客观方面，要受自然环境、人工环境、人际环境的限制；主观方面，要受主体生理和健康条件、知识和技能的限制。

20世纪80年代中国改革开放初期，曾发生关于计划与市场两者关系的讨论。新中国成立后长期主持经济工作的陈云曾用一个生动比喻形容两者关系：市场如同一只小鸟，在计划的鸟笼里尽可自由飞翔。他这个主张现今似乎不提了，但是，这个关于自由的比喻却非常贴切。自由永远都是鸟笼里的小鸟，永远只能在鸟笼里飞翔，永远飞不出笼子。问题只在于这个笼子的尺寸，笼子越大自由度越高，笼子越小自由度越低。囚犯在监狱里也有自由，起码还有呼吸的自由，但其自由度不值一提！

法国萨特的存在主义哲学主张"人是绝对自由的"。其依据是，人的选择是绝对自由的、无条件的，所以人的自由是绝对的。这种理论似乎很有道理，实则是似是而非、含糊混乱的说法。让我们拿萨特的举例来分析：我被敌人俘虏、拷打，我可以选择当英雄，也可以选择当叛徒，这就是自由选择。对此，作两点分析：第一，这种自由选择只是相对自由，并非绝对自由。理由是，我被俘虏了，如同小鸟被关进了笼子，此时我对当英雄或叛徒的自由选择，只能算在笼子里面自由飞翔。具体地说，由于被俘，我只能当一个被俘虏情况下的英雄，而不能选择当一个在战场上牺牲的英雄；也由于被俘，我只能当一个被俘虏、被拷打情况下的叛徒，而不能当一个主动改换门庭的叛徒。所以，当英雄或俘虏的自由选择受到局限，因而并非绝对自由。第二，我固然可以自由地选择当英雄或叛徒，但这不是胡乱或随意的选择，而是按照谋利抗害的本性去作选择的。同样出于谋利抗害的本性，因各人都有自己独特的需要结构和主导需要，所以可能作出不同选择。我选择当英雄，是因为我把理想作为主导需要，把理想置于生命之上；若当叛徒将损害理想，故我宁愿牺牲来维护理想。我选择当叛徒，是因为我把生存需要作为主导需要，认为生命比理想更重要、好汉不吃眼前亏。所以，表面上可以自由选择当英雄或叛徒，实质上却受制于其内在的逻辑。既然如此，这种选择的自由怎么算得绝对的自由？

再来分析对于死亡方式的选择。萨特不敢说人可以自由地选择只生不死或者只死不生，而是说当死到来之时人可以自由地选择死的方式。说白了,他的意思就是人可以自由地、主动地了结自己,而不必被动地等到病老而死或灾难而死。对此,同样作两点分析:第一,人的确可以随时自由地选择自杀,并自由地选择自杀的方式;但这种自由也必须具备客观、主观条件。否则,客观方面缺乏自杀的物质条件,主观方面身体动弹不了,想自尽却谈何容易?第二,这种自由选择也不是胡乱或盲目的选择,而是出于谋利抗害的本性,根据自己独特的需要结构和主导需要所作出的选择。可以断言:凡自杀者,必定遭受到巨大的痛苦或压力,以致认为已到无法承受、生不如死的地步。否则,好端端的一个人,怎么可能随便上吊、跳楼呢?这样说来,拿自杀的自由作为绝对自由的证据,就很不厚道了。

从上面的分析可知,我们所向往的自由归根到底是有限的自由,我们只能期望获得尽可能高的自由度。

人的自由有两种:行为自由和思维自由。这两种自由的自由度大不相同。人的行为因受无数客观、主观条件的限制,自由度十分有限。人的思维却自由得多了。在脑壳这个鸟笼里,思维这只小鸟可展开想象的翅膀,自由地飞翔。不过这样的好日子也许不长了。不久的将来,人类或将发明出窥探和控制人脑思维的、如同间谍的微型摄像机那样小巧的玩艺。那将是人类为自己制造的一场新的灾难——一场毁灭思维自由、陷于萨特所说"他人就是地狱"的灾难!趁此日子尚未到来,请尽情享受思维自由吧。至少有以下三种思维自由,可供自由选择。

第一,你在头脑里尽可做一个撒旦那样的大恶魔,尽可在想象中大干坏事或羞于启齿的勾当,也可称王称霸、八面威风。此时自己偷着乐,而别人一无所知、不会干涉和阻挠。正当的事更可大肆想象,例如面对审美对象,尽可无边无际地幻想,在头脑里创造奇特古怪的审美意象,让自己沉浸在忘我的美感之中。此时,若能把审美意象物化为艺术作品,说不定一不小心成了浪漫艺术家。

第二,你可面对现实,借助思维自由而转变价值观念。价值观念,包括主体头脑里已经形成的各种需要、需要结构、人生观、理想信仰,等等,这些都可以加以调整或转变。改变了价值观念,即是改变了用以衡量价值的标准。过去认为坏的,现在可认为好;过去判定丑的,现在可判定美；过去以为耻的，现在可以为荣；过去想当英雄，现在愿当狗熊……反之亦然。这种价值判断或价值取向的转变，是你的一种思维自由，目前没有人能干涉和阻止得了。价值观念的转变是人脑状态的改变，而人脑是行为中枢，故价值观念的改变将导致行为模式的改变。一个人或者由于价值观念的保守而不愿改变、在具备多种选择的条件时不愿重新选择，墨守成规、抱残守缺、不思进取；或者由于价值观念的死板，太过执着、死心眼，不懂得放弃和变换，不能做到拿得起放得下，不懂得取舍、得失、福祸的辩证关系；这就等于自动放弃了许多自由，不能做到进退自如、左右逢源。相反，若能随机应变、与时俱进，及时转变价值观念，将会使整个精神面貌焕然一新，好似换了一个人：死气沉沉者变得热情活跃，安于现状者变得奋勇进取，消沉颓废者变得乐观开朗，退一步者惊觉海阔天空，走投无路者顿见柳暗花明，失之东隅者收之桑榆，难于自拔者如今轻装上阵，好高骛远者从此脚踏实地……这样，就摆脱了原先的不自由状态而获得新的自由。

第三，在开展真相认识中也可发挥思维自由的作用。这时的思维自由，是思维方法、思维模式的自由应用或转换，例如，"怀疑一切""大胆假设，小心求证"，又如逆向思维、散发思维、形象思维，等等。不少科学家强调科学研究中的审美体验，认为用审美的眼光去探索对象有助于科学发现。这说明，思维自由对于讲究实证的科学研究也是必不可少的。

（三）信仰需要与信仰价值

1. 概述

信仰被称为人的精神支柱，似乎人人有之。人们的信仰似乎潜藏于脑海的深处，渗进每一种需要；又似乎高踞于理性之巅，统率每一个行为。由此看来，信仰需要确属人之普遍需要，且是一种综合需要。一个人活在世上，假如真的毫无信仰，必似行尸走肉、缺乏人性，将不是恩格斯所说的不能完全摆脱兽性，而是完全由兽性支配；其生谈不上有人生意义，其死只能轻如鸿毛。

把信仰说得这么要紧，有人可能不以为然，会说这个东西还是看情况而定：有的人信仰表现强烈，例如那些狂热的宗教信徒，以及为信仰献身者；有的人就平淡无奇，看不出他有何信仰。这种说法符合事实，但是只属表面现象。其实，信仰包括三个层次：即世界观、社会观、处世观。人的信仰能明显表现的，主要是世界观和社会理想；而一个人的处世观若未经仔细观察分析，还真的不易看清，因为有的人把自己真实奉行的处世观深深地隐藏在漂亮的面具后面。

（1）世界观，即是关于世界之本质的根本观点和看法。一个人的世界观若是信奉唯物论，就会对任何事情都讲求客观性，努力认清对象之真相，在此基础上妥当地决定自己的价值取向。若是信奉唯心论，就会把任何事情都当作神的意志，在选择价值取向时寻求和听从神的启示。若是信奉二元论，则会采取实用主义态度，针对不同情况分别采用唯心论和唯物论。

（2）社会观。社会观即是对于人类社会历史、现状以及未来理想社会的看法。从现实来看，人们即使有自己的社会观，却因个人渺小如蚍蜉、不可能撼动社会大树，因此除非社会矛盾激化、局势动荡，多数人都漠不关心，一切随大流。只有少数精英会把社会理想和信仰作为自己的主导需要，为维护或变革现行社会制度而呕心沥血和忘我奋斗。

（3）处世观。即是为人处世的价值观，跟道德观重合，因而一个人的处世观即是他的道德观。

2. 处世观（道德观）的分类

在此重点探讨处世观。人们的处世观不尽相同，但概括起来可分为三类：和谐主义、损人主义、奉献主义。

（1）和谐主义。奉行这种处世观的人乐于跟别人和谐共处。其中既有自私者，也有慷慨者。自私者只顾自己，不太关心别人；慷慨者富有同情心，乐于助人。两者虽有区别，但其共同准则是在谋求己利的同时尊重别人的权利，不损害别人，常言称为"凡事讲良心，不做缺德事"。和谐主义者固然要谋求自己的私利，但不反对别人谋求私利。这种人能做到诚实劳动、合法经营，通过正当途径和合法手段获取私利，即是古人所说的

"君子爱财，取之有道"；当与别人发生利害冲突时，愿听从旁人劝解，能自我节制和让步，尽量做到平等互利、协调和谐。这种处世观正是贯穿中国中庸之道和欧洲人道主义之中的精粹，是一种良性的社会驱动力和润滑剂。中国封建社会中聪明的统治者总是贯彻中庸之道。每当改朝换代，开国皇帝总是对农民实行"让步政策"。明太祖朱元璋的一段话就把这个道理讲得很明白："天下初定，百姓财力俱困，辟犹初飞之鸟，不可拔其羽；新植之木，不可摇其根，要在安养生息。"然而，每个朝代到后期都演变成腐败王朝，摒弃中庸之道，对老百姓敲骨沥髓、竭泽而渔，造成哀鸿遍野、民不聊生，于是逼上梁山、天下大乱，使腐败王朝迅速覆灭。当前我国提倡的12种社会主义核心价值观中，"诚信""友善"这两条就体现了中华民族和谐主义处世观的良好传统。

（2）损人主义。奉行这种处世观的人，为牟私利而不择手段，不惜损人以利己。发展到极端，什么伤天害理、灭绝人性的事他们都干得出来。当然，他们知道社会公德、公序良俗是社会的阳光面，与之相悖则成为社会的阴暗面。所以，他们一般情况下不敢公然亮出"损人主义"招牌，而只在行动上都这么干。他们是芸芸众生之中的两面人，公开的一面可以道貌岸然，似乎光明磊落，比谁都正派、比谁都革命。而其行为则是"宁可我负天下人，不可天下人负我"。常言道"人无横财不富，马无夜草不肥"。事实证明，获得横财者总是使用不正当手段。他们绞尽脑汁地想出种种阴毒手段，对善良大众进行坑蒙诈骗，为自己积累巨额横财。更有甚者，还使用暴力，进行压榨剥削、巧抢豪夺。若掌握权力，则假公济私、营私舞弊。盗贼、抢劫犯、诈骗犯、奸商、贪官污吏等，均属损人主义者。这种损人主义者目前到底占人口多大比例？如果有官方权威机构进行调查，就最好不过了，可助决策者做有关决策。不过凭直觉，这种人无论如何都超过了10%，很有可能超过20%。不然的话，怎么会假货满天飞？我们怎么会每天对食品安全忧心忡忡？怎么会时刻提防小孩被人拐走？怎么需要以警惕的眼光戒备陌生人？怎么满街都是派传单专门引诱老人上当的男女青年（他们表现得比亲孙儿还亲）？怎么搞传销的像割韭菜似的无法杜绝？怎么欠薪赖账之类成为家常便饭？怎么经常有报道以死对抗强拆的新闻？怎么那么多人为当"社会公仆""人民勤务员"而去跑官买官？诸如此类，证明这种人不在少数。现今流行"谁富谁光荣，谁穷谁狗熊"，"抓住老鼠就是好猫"，在这种指导思想鼓励下，这些人大展身手，轻易成了好猫。其示范作用毒化了社会风气，导致世风日下，想要实现一个美好社会就难了。

（3）奉献主义。奉行这种处世观的人，把世界观和社会理想作为主导需要，表现为狂热的理想主义。别以为奉献主义都是好东西，这要看看为谁牺牲。日本军国主义宣扬的武士道精神，就勇于为天皇牺牲。真正称得上先锋分子的共产党人则为大同理想无私奉献、勇于牺牲。大同理想，即共产主义理想，是自古以来劳动人民美好的社会理想，共产主义事业是全人类最壮丽的事业。共产党人献身于这一美好理想和壮丽事业，牺牲生命也在所不惜。正如方志敏烈士在《可爱的中国》所说："为着阶级和民族的解放，为着党的事业的成功，我毫不稀罕那华丽的大厦，却宁愿居住在卑陋潮湿的茅棚；不稀罕美味的西餐大菜，宁愿吞嚼刺口的苞粟和草根；不稀罕舒服柔软的钢丝床，宁愿睡在猪栏狗窠似的住所。"宗教则鼓励教徒为神牺牲，于是有基督教的修士修女、有印度教的苦行僧、有伊斯兰圣战者的"肉弹"。印度有个苦行僧被称为"翻滚的圣人"，据称有一天他听到"神灵召唤他为和平而翻滚"的声音，从此开始"翻滚旅程"。无论是寒冬酷暑、刮风下雨，也无论是交通繁忙的大街、人潮拥挤的闹市、泥土覆盖的乡间小路，他都在地上努力地翻滚着，长长的胡须上粘着污垢，瘦成皮包骨头。他相信是神的手在推着他前进。信仰的力量令他乐在其中，滚过最糟糕的路时也不觉痛苦，自称好比婴儿在妈妈身上打滚一样。

究竟应该信仰和奉行何种世界观、社会观和处世观？没有任何人能强制别人的选择。那就各自看着办吧。

3. 包含于信仰需要之中的崇拜需要

人们的信仰需要之中往往含有崇拜需要。按崇拜持续时间的长短，又可分为终生崇拜和阶段崇拜两种。终生崇拜，即一辈子都在崇拜，尽管其崇拜对象可能增减或更换。阶段崇拜，即在人生某一阶段才有某种崇拜，此后淡化或放弃。此两种崇拜亦可并行不悖，例如奉行唯心论世界观，终生崇拜某大神；与此同时在某一阶段崇拜某个英雄豪杰或影视明星。

　　崇拜的对象叫"偶像"。依据一个人崇拜动机的不同，可分为神秘崇拜和向往崇拜两种。神秘崇拜，是因对其偶像感到神秘、恐惧、敬畏。向往崇拜，是因对其对象向往、钦佩、倾慕。不论是神秘崇拜和向往崇拜，偶像在崇拜者心目中会出现光环效应。似乎浑身闪耀光芒，显得崇高伟大、完美无缺、神圣不可侵犯。这就更加令崇拜者尊崇钦佩之，以致五体投地、奉若神明；倘若别人胆敢蔑视、贬损、亵渎之，那就不得了，他就会跟你拼了。

　　信神者的崇拜便是神秘崇拜。孟子曰，"圣而不可知之之谓神"。有些科学家也信神，这是因为他跟一般信神者同样，心中藏着一个世界终极本原的不解之谜，认为世界终极本原"圣而不可知之"，于是归之于神。创立日心说的哥白尼，把付出毕生心血的科研成果《天体运行论》奉献给了上帝，他认为天文学的研究对象正是造物主为我们创造的世界机器的运动，应该在上帝对人类理智所允许的范围内寻求一切事物的真谛。又如创立经典力学的牛顿，在晚年苦苦探索宇宙第一推动力如何产生，终不得其解，只好归之于上帝，并以此证明上帝的存在。1996年美国拉逊教授对1000名科学家的调查表明，信神的科学家占39%，还有15%表示无可奉告，只有46%不信神。这个数据跟80年前即1916年的调查结果差不多。

　　对自己的命运感到神秘和恐惧，则是迷信和邪教的认识根源。现代社会中人们由于充满危机感，充满对噩运的恐惧，对命运感到神秘、不可捉摸，于是崇拜命运之神，祈求神鬼给自己好运、为自己祛病除灾。只见他们双手合十、念念有词，鸡啄米般叩头，即使平时如一毛不拔的铁公鸡此时也慷慨大方，心甘情愿掏出大把钞票献给寺庙，或买来纸钱香烛烧为灰烬。还有全世界流行的数字迷信，也是因为迷信者出于安全担忧。西方人忌讳13，而中国人追捧8、忌讳4。1996年3月6日，某企业在广东国际大酒店开新闻发布会，嘉宾云集，开大餐时24号餐台空空如也，只因24谐音"易死"。这实在令人可笑而又可悲！

　　年轻人在其世界观和人生观初步形成的过程中，往往有向往崇拜，对其偶像无限向往、钦佩和倾慕。有的终生都延续这种向往和倾慕，有的随着年龄的增长而逐渐淡化以至放弃。向往崇拜又与荣耀需要密切相关，有的还跟刺激需要密切相关。向往崇拜的偶像，一种是娱乐界明星，一种是历史上或现实中的英雄豪杰。最典型的是年轻人的追星热，其狂热有时达到失去理智的程度。追星族对自己的偶像忠心耿耿、痴迷热爱，说起自己的偶像就眉飞色舞，能把偶像的生辰、身高、体重、爱好等倒背如流；偶像的画相和照片贴满房间、课本、笔盒、钱包、椅子、书桌、镜子等，无处不见；还模仿偶像的发型、衣着，把自己整个融入明星的影子里。其中一些少女又表现得特别狂热，有的因偶像去世而悬梁自尽，有的为筹集追星所需费用而偷窃，甚至出卖自己的肉体。我国记者晓阳只因报道揭露了某歌星玩弄少女歌迷的劣迹，就于1993年被两个少女歌迷杀害。而美国富家子弟辛克利为表白对影星朱迪·福斯特的崇拜和向她求爱，于1981年竟行刺里根总统。

前面说信仰人人有之，而崇拜这玩儿却可有可无。笔者从不崇拜任何神，不过有时觉得神挺可爱、挺好玩的，旅游参观古寺，进门必向弥勒佛打声招呼：老朋友来看你了。相视而笑，同笑天下可笑之人。

（四）幸福需要与幸福价值

人生在世，莫不追求幸福。幸福是人生的终极目标，幸福需要是人生的终极需要。幸福需要指向的价值，便是幸福价值。

幸福如此重要，那么，幸福究竟是什么？自古以来哲学大师都在探讨这个问题，他们在探讨"人为何物"的同时也探讨"幸福是什么"。这两个问题是同样古老，同样事关人类切身的重大问题。据古籍记载，2600年前古希腊思想家梭伦与吕底亚国王克洛伊索斯最早讨论幸福问题。自此，欧洲从古希腊罗马时期的苏格拉底、柏拉图、亚里士多德、德谟克利特、伊壁鸠鲁，到中世纪的奥古斯丁、托马斯，再到近代的培根、斯宾诺莎、洛克、爱尔维修、霍尔巴赫、康德、边沁、费尔巴哈等——这里仅举出西方哲学史上最著名的哲学大师——他们无一例外地积极而热烈地讨论幸福问题。中国古代的思想家差不多与古希腊哲学家同时开始，同样抱着极大热情探讨幸福是什么。从《尚书》中的"五福"、《礼记》中的"福者备也"、《老子》中的"祸兮福之所倚，福兮祸之所伏"、《韩非子》中的"全寿富贵之谓福"，到佛教、道教以祈福、纳福引诱人们信教，弄得福字满天飞，让人眼花缭乱。

圣哲如此热衷于幸福话题，但是始终莫衷一是，未能为我们提供一个统一和确切的幸福定义。据19世纪法国空想社会主义思想家傅立叶说，单是罗马尼禄时代，就有278种相互矛盾的幸福定义。如下仅举大师们最有代表性的10种定义：

（1）德行就是幸福。（苏格拉底、柏拉图、亚里士多德）

（2）幸福就追求感官的快乐，避免感官的痛苦。（德谟克利特、伊壁鸠鲁）

（3）幸福就是信仰上帝、与上帝在一起。（奥古斯丁）

（4）最高的幸福，就是天堂幸福。（托马斯）

（5）幸福就是德性本身。（斯宾诺莎）

（6）幸福只是连续的快乐。（霍尔巴赫）

（7）幸福存在于至善之中。（康德）

（8）幸福是满足自身需要后达到的状态。（费尔巴哈）

（9）福者，备也。备者，百顺之名也，无所不顺者谓之备。（《礼记》）

（10）全寿富贵之谓福。（《韩非子》）

上列中国古人的定义似乎比西方的科学。西方人的定义只局限于人的某一种类需要，例如只讲德性，或只讲信仰，或只讲感官快乐。中国人则纳入多种以至全部的需要，福禄寿全要，甚至要求"百顺""无所不顺"，此标准实在是高！

进入21世纪，全球兴起幸福指数调查和排名。始作俑者不丹国王旺楚克，在1972年他17岁时就首创了"国民幸福指数"。他认为国家政策应关注人民幸福、以实现人民幸福为目标，因此制定了4项"国民幸福指数"：促进可永续的发展、保存及提倡文化价值、维护自然环境、建立良好的政府治理。这种从多方面考虑国民幸福的理念，比起只讲GDP就科学得多了。到2005年，这种理念开始影响全球，一些知名媒体开始评比全球民众的快乐与否。联合国于2012年开始制作并发布《全球幸福指数报告》。其做法是依据盖洛普全球民意数据调查，综合考虑 GDP、人均寿命、慷慨指数、社会支持度、自由度和腐败程度六大元素，对 158 个国家做出了幸福程度排名。最新的第四期报告于 2016 年 3 月发布，最幸福国家前三名依次为丹麦、瑞士、冰岛（丹麦在 2012、2013 年的两期报告中也位居榜首）。包括联合国报告在内的所有关于幸福与快乐的调查表明，经济生活水平高的发达国家，人民幸福感并不高，反而一些贫穷国家的幸福指数排位靠前。

由于每个人都有多种需要，并将这些需要组成自己独特的需要结构，还从自己独特的需要结构中选取独特的主导需要，这就导致任何人的需要结构及主导需要都不会与别人完全相同。既然如此，每个人的幸福观、每个人所追求的幸福价值就理所当然地有别于他人。在这种情况下，哲学大师只抓住人们其中一种需要来给幸福下定义，当然行不通了。联合国搞的《全球幸福指数报告》综合考虑了六项因素，就兼顾了人们最重要的几种需要。但幸福指数并非幸福定义，让我们兼顾人们不同的需要结构（即不同的幸福观），试来下个适用每个人的定义：所谓幸福，就是主体的主导需要获得满足、其他相当部分的需要也在不同程度上获得满足，并且生活中充满快乐，这样的一种人生的理想状态。此定义包含两个要件：一是主体的主导需要获得满足，并且其他相当部分的需要也在不同程度上获得满足；二是主体在生活中充满快乐。满足这两个要件，主体就算获得幸福，就算幸福之人了。以下进一步阐释这两个要件。

幸福的要件之一：主体的主导需要获得满足，并且其他相当部分的需要也在不同程度上获得满足。

在人生过程中，人们的主导需要可能贯串终生，也可能中途转换。不论是否转换，其主导需要必须得到满足，才谈得上幸福。举例来说，伟大科学家爱因斯坦的主导需要是研究物理学。他的职业令其主导需要得到满足；其他各种需要诸如衣食无忧的生存需要、爱好音乐的审美需要、享受亲情的爱之需要等，都在很大程度上获得满足。所以他说，"对于我这样的人，一种实际工作的职业就是一种绝大的幸福"。艺术家以艺术审美和创作为主导需要，收藏家以收藏珍稀奇货为主导需要，职业运动员以体育刺激为主导需要，正直的政治家以政绩昭著功成名就为主导需要，等等。

这些人如果主导需要得到满足，其需要结构中的其他需要即使未能得到全部的、充分的满足，也算是幸福的。

上述例子均属成名成家者，平民百姓又如何？网上流传的放羊娃故事就是最好的例子，他放羊、卖羊、盖房、娶妻、生娃，再让娃放羊，就这样世世代代往复循环。他们的主导需要无非就是像祖先那样生存，过安稳而平淡的日子。这个主导需要获得满足，他就算获得幸福，就算幸福之人。能够令其不幸福的主要因素，便是天灾人祸。所以，平民百姓只要有个安定的社会环境，有一份足以养家活口的稳定工作，身体健康、家庭和美，就将认定自己是幸福的。

为何满足主导需要的同时，其他相当部分的需要也要得到一定程度的满足？这是因为其他非主导的需要若遇到巨大不幸，就令主体从整体上不算幸福了。人们常会遇到幸运，但是幸运不等于幸福。两者含义相近，但有重大区别。一个人在某些方面遇到幸运的同时，有可能在别的方面遭遇不幸。另外，一个人虽然遭遇不幸，通过比上不足、比下有余的评估，有时又会感到不幸之中有万幸。而幸福则不能如此，尽管主导需要获得满足，若其他非主导的需要发生不幸，则一下子冲垮了作为整体的幸福，犹如一座山峰崩塌了一角。从上述可知，倘若一个人称得上幸福，他必定各方面比较顺利；起码大的方面都顺利，即有不顺也是鸡毛蒜皮的东西。

然而，要做到终生顺利、终生幸福，谈何容易！漫漫人生，难免在某个阶段遭遇某种挫折。所以，幸福可能出现阶段性。许多不甘平庸者，立志出人头地，于是奋力拼搏、历尽艰辛，终于成功，此时可能达到了幸福。相反，倘若不管怎样奋斗，都一败涂地、铩羽而归，此时便算不幸之人了。然而，不幸之人却可审时度势，做到拿得起、放得下，及时转换主导需要，那么他仍有可能获得幸福。这样说来，当我们以主导需要及非主导需要是否获得满足去衡量一个人是否幸福时，还需分析人生全过程的情况。人生的全过程中，完全有可能在某个阶段算幸福，在某个阶段不太幸福乃至很不幸福。

幸福的要件之二：主体在生活中充满快乐。

一个人如果获得上述幸福第一要件的满足，一般情况下会感到快乐，而且是莫大的、持久的快乐。然而，在这样理想状态的情况下，仍会有人身在福中不知福，反而经常心境恶劣，长期悲观苦恼，总之就是缺少快乐。这是怎么回事？究其原因：第一，幸福这个东西很难达到完满无缺、十全十美。一个人即使主导需要获得满足，其他需要也大多满足，但总还有不如意之处。第二，更为重要的是，应该如何对待人生的这些不如意？一个人在终生不断地谋利抗害、不断地追求人生价值的漫长过程中，难免遇到许许多多的困难、挫折和失败，乃至灾祸和厄运，如常言所说"人生不如意事十常八九"。即使他的主导需要获得满足，其他需要也不同程度上获得满足，但若不能以正确态度对待这些不如意，就将缺少快乐，甚至内心为痛苦和悲观的情绪所占据，被曹操的诗句激起共鸣："对酒当歌，人生几何？譬如朝露，去日苦多！"所以，一个人的幸福除了必须获得上述幸福第一要件的满足，还须具备第二个要件，即充满快乐；而要充满快乐，就须端正对于不如意的态度。此时，适用一句流行语——"态度决定一切"！当一个人若具备幸福的两个要件，即使一生中有许多不如意，也会认定此生是幸福的。

如何正确对待不如意、做到生活中充满快乐？笔者提出三点建议供参考，分别叫作：洞察、知足、快乐四时态。

洞察就是洞察人生真相。具体地说，是要洞察种种不如意的客观必然性，获得对于人生真相的认识。在此基础上，养成一种豁达、乐观的人生态度。如果存在什么"哲学智慧"，这种洞察人生的真相理性、豁达处世的价值理性，确实可算最实用的哲学智慧。

一个人为满足某种需要、为追求某种价值，总是要经过主观努力，甚至历尽千辛万苦、遭受无数挫折和失败。如果缺乏坚定决心和顽强意志，就会半途而废、美梦破灭。凡事均费力，均需付出代价，正如老子所说"将欲取之，必先与之"。欲不费吹灰之力就如愿以偿，就像等待天上掉下馅饼那样纯属幻想。逢年过节人们互致良好祝愿："心想事成、万事如意"，那只是口头说说而已。总而言之，人生遭遇挫折和失败具有不可避免的必然性，这一点需要洞察。根据辩证法，对立双方相反相成，并在一定条件互相转化。相反相成这一条是确定无疑的。得与失、福与祸、成功与失败、幸运与厄运、快乐与痛苦，等等，都是相反相成、相互依存的。然而，"一定条件下互相转化"这一条，这个"一定条件"就不容易了：

有的可通过主观努力而创造出来，有的是天赐良机，有的根本就得不到。我们常说"失败乃成功之母"，意指吸取失败之教训，摸索到成功之道，因此有可能由失败转化为成功。"塞翁失马，焉知非福"，则属碰巧在后来的某种场合，由原来的祸变成了福。至于一些不幸与灾祸，其本身属于无可挽回的损失，说什么让它转化为福，那怎么可能？因为让它转化的条件根本就不存在，也根本无法创造。所以，对于灾祸或不幸，就必须洞察其既成事实、无可挽回的客观实在性。例如"人生三大不幸"（幼年丧父，中年丧妻，老年丧子），是至亲之死；且死得都不是时候，导致自己童年或中年或老年的生活艰辛和精神痛苦。这种不幸属于不可挽回的现实，亲人去了就是去了，死去不能复活。还有最大的灾难和不幸——自己的死亡！众所周知，人生必有一死，谁能逃避得了？末日到来只在迟早而已。既然终究必死是无法逃避的客观规律，所以必须洞察死亡。佛教虽是唯心主义谬论，但也有合理成分，即其所谓"万物皆空""看破红尘"。其"空"字并非指空虚或虚无，而是指任何事物有其生必有其死、终归是一场空、不可能永恒常驻。这正符合唯物论关于具体物质生灭转化的原理。至于佛教由"万物皆空"演绎为"生死轮回"，其谬误就另当别论了。俗语云，"除死无大灾"，一个人只要洞察死亡，一切挫折与失败、一切灾祸与不幸，都像小菜一碟。美国苹果公司联合创始人乔布斯说："牢记自己即将死去，这是我所知道的避免陷入患得患失困境的最好方法。"

达到"洞察"境界，将有助于主体养成豁达乐观的人生态度。此时便由"人生真相"过渡到"人生态度"，即由真相理性过渡到价值理性。既然人生的诸多不如意难以避免、死亡更难以避免，那么，正确的态度是坦然待之，无需苦恼、悲伤或恐惧；若做不到坦然，起码不必过于痛苦、悲伤或恐惧，更不要精神坍塌、萎靡不振。许多死而复生或灾难幸存者，大难不死之后变得"大彻大悟"，从此对任何事情都容易看得开，显得豁达大度，这就是由于他们对苦难和死亡已经"洞察"的缘故。

知足主要是指物质生活方面的知足，节制物欲，"知足常乐"。至于精神生活方面，则应不知足。

然而，物质生活达到何种水平便可知足？假若尚未解决温饱，甚至还处于水深火热之中，如何让人知足？所以，这里有个度的问题。此时，孔子的中庸之道正好适用。让我们采取"执两用中"的办法，以中线为标准，来个"中线知足"。我们常用"比上不足，比下有余"来自我安慰，就是自认处于中线。具体地说，物质生活达到小康水平就算中线，就可知足了；若处于贫困线就不应知足，而应穷则思变、发奋图强。

有个故事，说的是有两人在口渴时各自面对饮剩的半杯水，一人说"哈，还有半杯呢"，另一人说"唉，只剩半杯了"。前者被称为乐观派，后者被称为悲观派。乐观派因已饮前半杯而知足，对剩余半杯就当超额享受了。悲观派则相反，对已饮的前半杯未曾知足，对剩下半杯又嫌太少。于是，面对同样半杯水，两人持有截然相反的态度。又由于态度迥异，便分别产生了快乐和苦恼。可见，对于半杯这条中线采取何种态度？是知足抑或不知足？将决定人的快乐与否。

"人生不满百，常怀千岁忧。"逢年过节人们总是互相祝愿健康长寿，什么"寿比南山，福如东海"等。然而，尽管难舍人生美好，难舍拥有的一切，到头来却不得不面对死亡。对此，也应来个知足常乐。平均寿命便是知足的中线。少于平均寿命，少得越多越遗憾。若是幼年夭亡、英年早逝，就属极大不幸了。而若达到平均寿命，此后多活一天都是额外享受。笔者居住地广州市的平均寿命，官方公布的2014年末数据为81岁（如男女分开计，男比女要少三五岁）。比照本人还差约10年。虽说自生以来一直幸运，到此为止算是幸福人生，已经非常满足，就算随时死去也没太大的遗憾。然而，不怕死不等于希望死，最好能够好好地活到平均寿命。不怕死与想多活，两者并不矛盾。

快乐四时态是借用英语语法的时态术语，从技术的角度挖掘四种时态的快乐之源。

幸福带来快乐，但快乐不等于幸福。因为快乐可以是一个小小的、短暂的快乐，这种零星的小乐称不上幸福；幸福带来的快乐则是大大的、持久的快乐。虽然两者有此区别，但是哪怕再微小、再短暂的快乐，也可积少成多，乃至达到终生充满快乐，这就发生了"量变到质变"的飞跃，满足了幸福第二要件。当前全球兴起研究快乐机理、探寻快乐来源、挖掘快乐秘招、调制快乐"配方"的热潮。笔者也独创了自用的快乐秘笈，即是"快乐四时态"：快乐未来时，快乐进行时，快乐完成时，快乐过去时。现慷慨无私地予以公开，供全人类分享。

1. 快乐未来时

快乐未来时指未来时的快乐，即是梦想之乐。当人在头脑里树立某种宏伟的理想，或产生美好的梦想、幻想、空想，甚至胡思乱想、想入非非时，总会兴奋激动、情绪高涨，感受到难以言传的快乐。这就是未来时的快乐。称它未来时，是因为这些东西只不过是主体对未来的期望，只深藏于人的心底、尚属虚无飘渺的观念形态的东西，当下（现时、眼前）并不存在。

未来时快乐是一种巨大的、持久的快乐。大家不妨回顾自己的人生历程，看看是否这么回事。童年和青少年时期，是人的一生中最富于想象、最多理想和幻想的时期，也是因此而最快乐的时期。一个幼童，听大人说过几天带他到他最喜欢的公园或什么地方去玩，或给他买他最喜欢的什么玩意；那么，这孩子将一直兴奋地渴望这一天的到来，沉浸在梦想即将实现的巨大欢乐之中，这等于已经提前享受到实现梦想的快乐。一个逐渐成长的少年，头脑里充满着玫瑰色的梦想。他可能树立理想将来要当个科学家、艺术家等，可能梦想着将来娶个美丽可爱的姑娘，可能幻想着将来成为叱咤风云、扬威天下的英雄好汉，等等。每当他白日做梦、想入非非的时候，即热血沸腾心潮澎湃兴奋不已。请问你难道未曾享受过这样的快乐吗？我们每个人自生以来，都曾有过无数的理想、梦想、幻想、空想以及胡思乱想，但却大多不能实现。由于难于实现以及羞于启齿，所以通常情况下我们只是自己私下偷偷地想、偷着乐。有时遇到某个傻瓜公开说出自己的梦想，可能会引起哄堂大笑。大家可能会说"看这傻子！白日做梦、尽想好事！""吃多了大头葱菜吧！"其实，这样讪笑别人是不对的。你笑别人白日做梦，难道你自己从无想入非非？一个人若能一辈子像幼年时期那样无休止地在头脑里产生理想、梦想、幻想、空想以及胡思乱想，可保终生快乐无比。

人们的理想、幻想、梦想千差万别、各不相同，所带来的未来时快乐也就千差万别、各不相同。也许其中有的崇高神圣，有的卑鄙下流，有的稀奇古怪,有的荒唐透顶,而其共同之处是能为主体带来未来时的快乐。既然如此,做个梦想家、幻想家又何妨?但是,享受快乐未来时起码应遵守两条规则,一是防止过于执着,二是防止受骗上当。先说防止过于执着。人固然应当树立雄心大志,应当坚忍不拔、百折不挠地为实现人生理想而奋斗,但是,这个理想的确立应视主客观条件而定。譬如癞蛤蟆想吃天鹅肉,就明显地不具备主观条件。当原先确立人生理想时所依据的客观条件消失时,可随时取消或调整、转换,不应太执着、太认真。对于一些不着边际的幻想和空想,到期不能实现,更可一笑置之。"退一步海阔天空","东边不亮西边亮",这是只需在头脑里转换念头的轻松之举。反之,如果太执着、太认真,就会不断碰壁,充满失望,自己给自己增添无穷烦恼和痛苦。其次,理想、梦想、幻想、空想必须自我提供,不能轻易相信和接受别人提供,以防止受骗上当。人类社会十分复杂,其中有职业骗子,其欺骗手法之一就是为你编造种种美好梦想引你上钩。例如,搞传销的坏头头给你灌输发财梦,把传销吹得神乎其神,保证让你轻而易举地成为世界级富豪。待到梦醒时那个痛苦就难受了。可见,别人提供给你的美好理想不可轻易置信。

2. 快乐进行时

快乐进行时指进行时的快乐,即行为过程之乐。人们在不同类型的行为过程中,可享受到不同的过程之乐。第一类是直接的享乐行为。例如享受美食、享受性爱、唱歌跳舞、欣赏艺术展览和演出、观赏美景、侍弄花鸟虫鱼及宠物,等等。主体在此类直接享乐的整个行为过程中,都保持着心情愉悦、兴奋激动,甚至欲醉欲仙、要死要活的。对于这类享乐,需要或多或少地掌握相关的技艺,别把它看得太简单,以为"谁不会呀?"你缺乏相关知识和技巧,就享受得不充分、水平低。第二类是称为"痛并快乐着"的行为过程之乐。例如求知、旅游、极限运动、探险猎奇、养育孩子,等等。这类行为在整个过程中需要付出艰苦努力,要忍受疲乏、劳累乃至皮肉之痛。然而,与此同时行为对象也回馈以快乐。于是出现"痛并快乐着"的特殊现象,令人感觉到苦中有乐、乐在其中。这才叫"痛快"!第三类是求生存与发展的奋斗过程之乐。人们以各种行为去追求实现各种不同的价值理想。对于不同价值理想的追求过程，所需付出的努力程度大不相同。如上述第一类行为，其追求过程本身就是享乐过程，整个过程都轻松愉快。而第二类过程也伴随着快乐，只因需要付出一定的努力而令快乐与痛苦相交织。现在说到的第三类行为，其所追求的价值目标乃属求生存、求发展，必须进行艰苦奋斗，否则沉沦底层、苦海无边以至走向灭亡。那么，这种求生存、求发展的奋斗过程中有无可能享受快乐？是否只有痛苦没有快乐？这就要看各人的处世观了。有的人胸无大志、得过且过，其求生存行为处于消极被动的状态，带着一种无可奈何、听天由命的心态。这样的人在求生存过程中必然感觉只有痛苦、毫无快乐可言。有的人则有雄心大志，树立远大理想和志向，满怀信心、充满热情、意志坚定，不怕艰难困苦，百折不挠地进行奋斗。这样的人就有可能在奋斗过程中伴随快乐。每当奋斗过程取得阶段性成果，就会产生一种成功感和满足感，从而感到乐在其中。每当艰辛劳作以致感觉吃力和劳累的时刻，就会想起自己的美好理想和目标，从而振作精神，甚至忘记了饥渴和劳累，继续奋力工作。第四类是情感行为之乐。人类最大的快乐之源应是情感，包括亲情、爱情、友情以及人间博爱之情。这是人生快乐与幸福的重要元素。人们在与亲人相处的过程中享受亲情之温馨，在与爱人相处的过程中享受爱情之甜蜜，在与好友相处的过程中享受友情之愉悦。我国特有的春节期间全家团圆，被国人视为最大的快乐和幸福。每年"春运"，千百万外出打工的农民工涌向火车站和客运站，不顾艰难险阻，坚定不移地踏上归途。这种追求春节家庭团圆的行为，令全世界为之动容。

享受快乐进行时应遵守四条规则。一是确保安全。其内容很广泛，人生道路上充满风险，既要防天灾，又要防人祸，还要防止使用人工环境各式工具时发生意外事故。人们在谋利抗害过程中，谋利成功固然令人欢乐，抗害成功同样是莫大乐事。人们出远门，向家人报平安，让家人安心，这正是平安为乐的道理。二是注重保健。病痛吞没快乐，且无法避免。所以，有病就要积极治疗，平时要高度注重保健，坚持适当运动、节制饮食，求得少生病、防大病。三是远离恶癖，这里是指吸毒、施虐或受虐癖、纵火癖、偷窃癖，等等。有恶癖者在实施其癖好时，只是短暂地享受其特殊的愉悦和快感，所带来的后果却是贻祸社会、损害健康乃至毁掉人生。"乐极生悲""一失足成千古恨",殊不可取也。四是珍惜感情。古语云"入芝兰之室久而不闻其香,入鲍鱼之肆久而不闻其臭"。人长期沉浸在温情脉脉的感情之中,可能变得迟钝、麻木和忽视。"人在福中不知福,身边亲情未珍惜。待到丧亲方悔恨,终生愧疚暗哭泣。"所以,要珍惜感情,尽可能多相处而享受亲情、爱情和友情带来的欢乐,否则将会愧疚和悔恨。感情又是双向互予的,需要用心经营,防止由爱生恨,伤害感情。

3. 快乐完成时

快乐完成时指完成时的快乐,即是享受既有成果之乐。例如,一个人艰苦奋斗终于创造了可观财富,或者宦海浮沉终于功成名就,或者忍耐寂寞苦心孤诣终于完成一件得意作品,或者辛勤耕耘终于收获丰硕果实,或者背井离乡外出打工终于混出个人样,或者不懈追求终于抱得美人归,或者用心良苦养育子女终于均有出息……对这些既有成果,既可独自品味、自我欣赏,躲在屋里偷着乐,又可在适当场合向人炫耀(切忌向嫉妒你的人炫耀,否则有危险)。这是分量较大、能够持久的快乐,等同于幸福感。享受快乐完成时应遵守的规则,是节制物欲、知足常乐。

4. 快乐过去时

快乐过去时指过去时的快乐,即是怀旧之乐。前面描述爱的需要和价值时,已把怀旧作为一种特殊的爱之价值。怀旧之乐是老人的专利。老年人记忆力日渐衰退,近期记忆越来越差,然而最神奇的是远期记忆却能保留且似更加清晰。在老年人那颗逐渐衰弱的心里,似乎有一部分始终保持鲜活而柔软,那里面收藏着许许多多无价之宝。那里面有逝去的亲人,有童年好友和初恋女孩,有玫瑰色的青春,有温馨的柔情,有旮旮旯旯均熟悉的老屋和街巷,有童话般的山光水色和动人心弦的故事。每当独坐静思,那些人物和情景可能突然浮现眼前,犹如久别重逢,禁不住热泪盈眶。跟老年人聊天,不出三句他就会开始说"当年我如何如何"。笔者无数次听过一位老领导津津有味地讲述,新中国成立初期他在员村罐头厂当车间主任,女工如何争着煲老火靓汤送他享用。此时他的声调特别柔和,目光饱含温情。看得出此时他似乎又回到车间、沉浸在女工包围的欢乐之中。故地重游、故旧相聚等，都是怀旧的好方式。例如每当同窗聚会，都像时光倒流，与会者激动万分，似乎回到天真烂漫的童年或美好的青春年代。

享受快乐过去时应遵守两条规则，一是封存痛苦，二是泯灭恩怨。在现实生活中，有的人经历过深重的灾难和不幸，不管过去多少年，一旦回顾灾难情景，那种心如刀绞的巨大痛苦仍可把人摧垮。所以，怀旧只能怀美好之旧，切莫怀痛苦之旧。对于已成过去、早已告别的痛苦往事，应当"看破"和封存。

一个人若能做到充分享受上述四种时态的快乐，快乐便将充满他人生的四维空间，亦即充满人生整个过程；同时也将有效地减轻、转移、化解甚至避免痛苦，从而令自己在一生中所享受的快乐压倒性地多于痛苦，达到人生幸福的境界。

注释：

① 《马克思恩格斯选集》第 4 卷，人民出版社 1972 年版，第 233 页。
② [英] 罗素：《权力论》，靳建国译，东方出版社 1988 年版，第 3、135、211 页。
③ 《马克思恩格斯选集》第 1 卷，人民出版社 1972 年版，第 108 页。

结 束 语

　　此书有个关键的突破，即把"世界上只有物质"这条唯物论第一原理贯彻到底，能够自圆其说地把精神纳入物质范畴，从而建立了精神唯物论。继而以此为武器，势如破竹地解答了哲学史上一系列形形色色的难题，亦令唯物论面貌焕然一新，获得前所未有的强大说服力。笔者殷切期望全人类都信奉唯物论。目前全球信奉唯心论（信神）的人口超过85%，按70亿计便有60亿信神者。这是个可悲的现状。假如这个比例能倒过来，变成60亿人口彻底地信奉唯物论，这个世界会变成什么样？可以断言，这个世界的战火硝烟将立即熄灭，理智的人类将不再热衷于自相残杀，也不再干污染和毁灭自己家园的蠢事。因为此时人类能够正确地认识这个世界以及人类自身的本来面目，在此基础上决定共同价值取向，共谋人类的整体和长远利益，共商如何建立人类命运共同体，做到和谐地在这个地球上共同生活。

　　对于人为何活着？人生意义何在？由于价值的主体性，人们的价值观或人生观不存在千篇一律的统一模式，故笔者对此不提建议。每个人都会自觉或不自觉地选择自己喜爱的价值、构建自己的需要结构，并从中选择主导需要或人生理想。平时所说制定人生规划，就是能够自觉地把这项工作做得很清晰明了。如果这项工作做得切合实际，并在实施中依据情况变化及时调整，那么，每个人都能把人生过得有滋有味、多姿多彩。在此仅再提醒：书中最后描述的信仰价值和幸福价值正是人生意义所在。一个人不管有怎样繁杂多样的价值追求或价值理想，譬如追求富贵、安康、荣耀、爱、善、美、刺激、奇货，等等，终究都要归这两种综合价值统管。因此，在树立自己的信仰和幸福观时，确需好自为之。

　　本书凝结了笔者用30多年业余时间钻研哲学的成果，是笔者第一本也是唯一一本学术专著。倘对读者有所裨益，将是笔者最大的安慰。

主要参考文献

[1] 马克思恩格斯选集[M]. 北京：人民出版社，1972.

[2] 列宁选集[M]. 2版. 北京：人民出版社，1972.

[3] 叶汝贤，何梓焜. 马克思主义哲学发展史[M]. 广州：中山大学出版社，1986.

[4] 李秀林，王于，李淮春. 辩证唯物主义和历史唯物主义原理[M]. 北京：中国人民大学出版社，1984.

[5] 李志逵. 欧洲哲学史[M]. 北京：中国人民大学出版社，1981.

[6] 肖萐父，李锦全. 中国哲学史[M]. 北京：人民出版社，1982.

[7] 刘炳英. 马克思主义原理辞典[M]. 杭州：浙江人民出版社，1988.

[8] 张华夏，杨维增. 自然科学发展史[M]. 广州：中山大学出版社，1985.

[9] 张华夏. 自然辩证法概论. 中山大学哲学刊授中心，1988.

[10] 张华夏. 物质系统论[M]. 杭州：浙江人民出版社，1987.

[11] 曹日昌. 普通心理学[M]. 北京：人民教育出版社，1987.

[12] 刘放桐，等. 现代西方哲学[M]. 北京：人民出版社，1981.

[13] （苏）费·季·阿尔希普采夫. 作为哲学范畴的物质[M]. 卢冀宁，译. 北京：中国社会科学出版社，1984.

[14] 李秋零. 精神档案[M]. 北京：九州出版社，1997.

[15] 沈渔邨. 精神病学[M]. 北京：人民卫生出版社，1994.

[16] 杨德森. 中国精神疾病案例集[M]. 长沙：湖南科学技术出版社，1999.

[17] （加拿大）邦格. 科学的唯物主义[M]. 张相轮，郑毓信，译. 上

海：上海译文出版社，1989.
［18］现代西方哲学编写组. 现代西方哲学十大思潮［M］. 西安：陕西人民教育出版社，1987.
［19］谢龙. 现代哲学观念［M］. 北京：北京大学出版社，1990.
［20］中共中央党校哲学教研部. 当代哲学思潮研究［M］. 北京：中共中央党校出版社，1992.
［21］夏军. 非理性世界［M］. 上海：上海三联书店，1993.
［22］魏金声. 现代西方人学思潮的震荡［M］. 北京：中国人民大学出版社，1996.
［23］卢盛忠. 管理心理学［M］. 杭州：浙江教育出版社，1988.
［24］张书琛. 西方价值哲学思想简史［M］. 北京：当代中国出版社，1998.
［25］王治河. 扑朔离迷的游戏——后现代哲学思潮研究［M］. 北京：社会科学文献出版社，1998.
［26］胡军. 哲学是什么［M］. 北京：北京大学出版社，2002.
［27］赵剑英，等. 哲学的力量——社会转型时期的中国哲学［M］. 北京：中国社会科学出版社，1997.
［28］黄凯锋. 价值论视野中的美学［M］. 上海：学林出版社，2001.
［29］陆一帆. 新美学原理［M］. 南宁：广西教育出版社，1989.
［30］陆一帆. 美学原理学习参考资料［M］. 海口：海南人民出版社，1986.
［31］陈瑛. 人生幸福论［M］. 北京：中国青年出版社，1996.

后　记

我成长于毛泽东时代，那是一个以共产主义理想为强大动力的火红时代。1965年念高二时向县武装部写报告，要求参军去援越抗美，献身于解放全人类的壮丽事业。次年即1966年高中毕业，"文革"兴起。此时，就因我写了那份报告，又幸遇良机，县武装部派人进村找到我，给我一张车票，让我独自一人到部队当了兵。

随着世易时移，解放全人类遥遥无期，但是青年时期树立的大同理想并未泯灭。只不过，作为需要结构中主导需要的地位，理想与信仰却为养家活口的生存需要所取代。几十年来谋生之余，我埋头钻研哲学，企图钻出些道道来，以另一种方式为人类作点贡献。终于等到这一天，我的研究成果获中山大学出版社同意出版！对于草根百姓来说，出书当然是一种莫大的荣耀，但更欣慰的是：要为人类作点贡献的抱负终于实现了！

为我评审书稿的中山大学哲学系老教授刘歌德先生，是我今生幸遇的又一位贵人。作为教学、研究马列哲学60多年的老专家，他对此书的高度评价令我深受鼓舞，也吃下了定心丸。刘老前后细致审阅书稿达3遍之多。他以博大胸怀提出评审意见，认为书中有些创新观点他并不认同，但是无须改变或删除，学术问题完全可以讨论。他又指出，讨论问题须持平等坦诚态度，不可贬损讥讽别人；此外不可过分的口语化，理论的探讨与研究毕竟不是喝茶聊天。刘老的谆谆教诲令我受益匪浅，我认真删改了他所指出的以及自己发现的几十处不妥言辞。借此机会，向他老人家致以崇高的敬意和深挚的谢意！

最后理所当然要向夫人郭桂凤道谢。她不喜欢哲学，好在喜欢我这老头。对我沉迷于这种"饥不能食，寒不能衣"的学问，30多年来她没说过个"不"字,还承担大量家务,让我有空写书。我的女儿女婿、儿子儿媳乃至9岁的孙子,对我出书欢呼雀跃,纷纷给予支持,让我温暖在心,也谢谢他们!

作者
2016年12月1日